人生が変わる塩

冨山悦昌 TOMIYAMA YOSHIMASA

幻冬舎MC

はじめに

「塩」。

それは私たち人間にとってなくてはならない存在です。

消化を助ける、細胞を守る、体の調子を整えるなど、生命維持に欠かせない役割を担っており、塩が不足し過ぎると体内のミネラルバランスが崩れて病気や最悪の場合死に至ることもあります。

塩に含まれるミネラルは体の中で作ることができず、また今の科学技術では塩に代わるものを人工的に作り出すことは残念ながら不可能です。つまり塩は健康維持に欠かせないうえにほかの食品での代用がきかない唯一無二の食品なのです。

私は現在、石垣島の海水のミネラルを多く含んだ塩の製造・販売を行っていますが、塩の重要性に気づいたのは10年ほど前、ある特別な塩との出会いがきっかけでした。

私はもともと近畿地方で温泉付き老人ホームの運営をしていました。そんななか、常々そこで暮らしているお年寄りにもっと長く元気でいてほしい、何か健康の手助けになるものはないかと考えていました。

そんなとき、沖縄県の石垣島でとある塩工場を訪れる機会がありました。この塩を食べてみてと言われて口にすると、塩なのに「甘味」を感じたのです。このときに工場の方から聞いた言葉は今でも忘れられません。

「この甘さはミネラルです。甘く感じるということは、ミネラルが不足している証拠です」

その瞬間、私はこの塩の虜になり、なぜいつも食べている塩と違うのだろうと不思議に思って塩やミネラルについて調べ始めました。すると、日本では専売制度により塩は長い間JT（日本たばこ産業株式会社）がイオン交換膜製塩法によって化学的に作った精製塩（塩化ナトリウムが99・5％以上の塩）しか販売が許されていなかったことが分かったのです。1997（平成9）年に専売制度は廃止され、現在は「塩事業法」という法律のもと原則自由の市場構造へと移行していますが、現在一般的に販売されている塩のほとんどは精製塩です。精製塩には天然塩に含まれるカリウム、カルシウム、マグネシウムなどのミネラルがほとんど含まれておらず、健康に良い食品とは言い難いのです。

精製塩では健康は得られない。「いつもの塩」を塩化ナトリウム以外のミネラルをたっぷり含む海水から作られた塩に替えることで健康長寿を叶えることができるのだと私は確信しました。そしてすぐに私はこの石垣島の塩を多くの人に知ってほしいと思い、製造・販売することを決意したのです。

まさに、私にとって人生を変えた塩でした。

本書では、塩が体内でどのような働きをしているのか、ミネラルが不足するとどんなことが起きるのか、どのような塩を選ぶべきかなどをまとめ、実践編として日々の暮らしのなかで塩を効果的に取り入れる方法についても紹介します。この本が皆さんの健康増進に役立ち、長い人生を健康に生きる一助となるよう願っています。

人生が変わる塩　目次

［第2章］糖尿病、認知症、うつ病、がん……

ミネラル不足の塩が体に及ぼす影響

［第3章］健康で長生きできるかどうかは塩次第

［第1章］

消化を助ける、細胞を守る、体の調子を整える生命維持に不可欠な「塩」

私たちにとって当たり前の存在「塩」とは

「塩」という言葉を辞書で調べてみました。塩とは真っ白な粒で、なめるとしょっぱい、あの塩です。私たちの生活に欠かせない身近で当たり前の存在です。そのため、改めて塩ってなんだろうと疑問に思うことはないと思います。辞書には、「塩化ナトリウムを主成分とする、しおからい味のある白色の結晶。食用・工業用に重要。けがれを清めるのにも使われる。一般に、食塩」（広辞苑第七版）と記してあります。あまり新たな情報はありません。

私たちにとってそれほど当たり前の存在の塩ですが、私は2011（平成23）年に自分の常識を覆す塩に出会い、衝撃を受けました。なめると「甘味」を感じたのです。甘さを感じる塩と、慣れ親しんだしょっぱい塩とでは、何が違うのだろうと思い私は塩について調べ始めました。

塩は何に使われる？

塩の役割や使い方について考えたとき、まず食品に直接振り掛けて味付けをしたり、味を調えたりする使い方が思い浮かびます。みそやしょうゆ、ソース、ドレッシング、スナック菓子、漬物などあらゆる食品に塩は含まれています。あんこのように甘い食べ物にも、隠し味として塩が使われます。

以上のことから分かるように、塩は調味料として使われているのが一般的な役割といえます。塩が調味料として使用される理由は、塩の主成分である塩化ナトリウムが口の中で水分に溶け、舌がそれを受けて強い塩味を感じるためです。塩分が抑えられた食事は味気ないもので、食欲が減退してしまいます。やはり、食事に塩味は重要です。

塩にはさまざまな調理効果があります。スイカに塩をかけて、より甘味を感じるようにしたり、食材のうま味を引き出したりするのはその一例です。また味を調えるためだけではなく下ごしらえにも多く使用されます。食材に振り掛けると浸透圧で水分が出てくるため、塩を振って余分な水分を除いておいたり、ほかの調味料をなじませたりするためにも使います。肉や魚に塩を振るのは、浸透圧の働きで水分と一緒に臭みの成分を外に出すとともに、身を引き締めるためだそうです。私たちは塩を上手に使い、料理のバリエーションを増やしてきました。

次に、塩の主要な役割として、塩がもっている殺菌・防腐作用を活かし、塩漬けという形で食物の保存に使われる場合があります。日本では主に野菜の漬物が発達し、肉食が多かった外国では肉を塩で漬ける技術が発達しました。ハムやソーセージで塩を使うのは、もともとは保存性を良くすることがいちばんの目的でした。

塩に殺菌・防腐作用があるのは、微生物の外側の塩分濃度が高いと、浸透圧によって微生物の体内の水分が外に引き出されて死滅するからです。こうした塩の殺菌・防腐作用は古くから神秘的な力があると信じられ、魔よけや厄よけ、清めに使われるようになったといわれています。

塩に関する逸話

塩は優秀な調味料であり、防腐剤です。しかし、塩の最も重要な役割は、人間や動物、植物などあらゆる生きものの体の中で生命活動を支えることです。命をつなげるには、必ず塩分が必要です。人間を含む生きものの体の中には、常に一定の割合で塩分が含まれており、この塩分が生命に直結する大切な働きをしています。タンパク質や脂肪が体を動かすエネルギー源になるのに対し、塩は体内のいろいろなシステムの働きを守り、維持する役割を果たしています。つまり塩が足りないと、体のあちこちが故障して働かなくなってしまうわけです。洋の東西を問わず、古くから塩にまつわるさまざまなエピソードが伝えられているのも、その貴重さのためだといえます。

「サラリー」は英語で給料を意味します。塩を意味する「ソルト」と同じくラテン語の「ｓａｌ」が語源です。古代ローマでは、兵士に塩で給料が支払われていたことが言葉の由来だそうです。

日本では「敵に塩を送る」という言葉があります。このことわざのきっかけになった戦国時代の武田信玄と上杉謙信にまつわる逸話は非常に有名です。武田信玄の領国だった甲斐（現在の山梨県）は四方を陸に囲まれ、海がありませんでした。あるとき、周辺の大名たちが塩の提供を停止したため、武田領の民衆は危機に陥ってしまいました。塩がないと民衆は生きていけません。事態を知った、信玄の最大のライバルである越後（現在の佐渡を除く新潟県）の上杉謙信が、甲斐に塩を送ったというのです。信玄をはじめ武田領の人々は感激したといいます。

大岡昇平の代表作である小説『野火』を読むと、生きるために塩がいかに大切であるかが伝わってきます。太平洋戦争末期のフィリピンのレイテ島を舞台に、日本人たちが塩を摂取できなくなった途端にバタバタと死んでいく様子が生々しく描かれています。なかでも、主人公の同胞が塩を一つまみ食べて「うめえ」と口ごもりながら言い、涙ぐむ場面は印象的です。体が塩分を渇望していただけに、非常においしく感じられたのだと思います。作者はフィリピンでの自身の戦争体験を基に書いたということですから、同じような塩に関する実体験があったのでしょう。

野生の動物が塩を求めて動く話もよく知られています。公益財団法人・塩事業センター（東京都品川区）のウェブサイトに「たばこと塩の博物館だより」というコーナーがあり、塩にまつわる動物や人間の「大移動」をテーマにしたコラムが掲載されています。たばこと塩の博物館の学芸員はコラムで、「飼育している場合、ウシにはウマよりもかなり多くの塩を与えることは知っていた。盛り塩の起源として語られる伝説に、貴人の乗った牛が塩をなめて止まってしまうという『牛の塩好き』の話が出てくるのも、塩に携わる者としてはほとんど常識である」と記しています。

塩がないと人は生きられない

このように、塩は私たちの暮らしや文化と密接に関わり、動物にとっても命をつなぐためになくてはならない存在です。塩は優秀な調味料であるだけでなく、健康や命に関わるとても大切なものなのです。

現代の日本で日常生活を送っていると、塩が命に関わると意識することはほとんどありません。むしろ、世間では塩の摂り過ぎはダメとか、塩は控え目に、というように減塩が推奨され、あたかも塩が悪者であるかのようにすり込まれてしまっています。しかし、それはとんでもない話で、塩が体から不足すると人間を含む動物は健康を損ない、生きてはいけません。

1930年代に米国のテイラーという医学者が、塩が不足するとどうなるのかを自分の体で調べ始めました。

彼は、自ら塩を含まない食事を続ける人体実験をしたのです。まもなく汗が出始めて食欲がなくなり、5日目には体に強いだるさを感じたそうです。8～9日目には筋肉の痛みとこわばり感に苦しみ、眠れなくなって筋肉にけいれんが起きました。テイラーはこのまま続けると体の異常がさらにひどくなると予想して、実験を中止したと報告されています。

私たちの体には約0・9％の濃度で塩分が含まれています。塩の主成分である塩化ナトリウムは、体内では塩化物イオン（以下、塩素と表記します）とナトリウムイオン（以下、ナトリウムと表記します）に分かれて存在します。どちらも細胞の外の体液（細胞外液）に多く含まれていて、細胞内は逆に少なく保たれています。そうすることで、体内の浸透圧や酸性・アルカリ性のバランスを保つなどの役割を果たしているのです。また、ナトリウムは胆汁やすい液、腸液などの材料になり、塩素は胃液の材料になります。

細胞の外の体液に塩分が多く含まれているということは、私たちは体に「海」を抱えていて、37兆個ともいわれる細胞がその海に囲まれているとイメージすると分かりやすいです。この海を正常に保つこと、つまり、必要な量の塩を体外から摂取することが、健康に生きていくためには欠かせないのです。

また、夏場は熱中症予防のため水分とともに塩分を補給するように推奨されています。これは、大量に汗をかくと水分とともに塩分が体外に出てしまい、体内の塩分濃度が低い状態になってしまうためです。塩分濃度が低くなると、体は濃度を戻そうと反応し、さらに尿などで水分を出してしまうため、脱水状態になりやすくなります。

脱水症状は水分と血液中のナトリウムが体内で不足してしまい、だるさや吐き気、けいれんなどが現れます。長時間のスポーツなど、発汗を伴う際に発症します。夏場に大量の汗をかいても水分を摂るだけでなく、塩分を補給しないと、体のだるさや立ちくらみなどの症状が現れ、重症になると言葉が不明瞭になったりけいれんが現れたりし、救急車を呼んで医療機関で処置を受けなくてはならなくなり命の危険と隣り合わせの状態になってしまいます。

人間は自然と塩味を求めてしまう

適度に塩味が効いた食事がおいしく感じられるのは、体が塩を求めているためだと考えられます。運動して汗をかいたときと、かいていないときで、塩味の感じ方が違うことを体験したことがある人は多いと思います。実は人間が塩味を求めてしまうのは体の生体防御としての自然なメカニズムだといえます。生命活動に必要な塩をきちんと体に取り込むため、塩味をおいしく感じる仕組みがあるのだと考えると、人間の体は本当にうまくできていると感じます。

生きていくために必要な塩、その塩の主成分である塩化ナトリウムは体内に取り込まれると、体液に溶けてナトリウムと塩素に分かれます。ナトリウムも塩素も、ほとんどが細胞外液に存在します。体の中にある塩素は胃酸のもとになって、胃で食べ物を消化したり殺菌したりしています。ナトリウムは小腸で食べ物から得た栄養を吸収するのに必要です。

細胞を守る

ナトリウムの役割として最も重要だといえるのは、細胞外液の浸透圧の調節です。人の体は多くの細胞からできており、その細胞は細胞外液という液に囲まれています。ナトリウムは細胞外液に多く含まれており、細胞がしっかりと働けるように、細胞の内と外の濃さのバランスを一定に保つ役割を果たしているのです。塩素も浸透圧の調節に関わっていますが、主役はナトリウムです。浸透圧とは、「半透膜の両側に溶液と純粋な溶媒とをおいたとき、浸透によって両側に表れる圧力の差」（広辞苑第七版）のことをいいます。体に当てはめると、細胞の内側と外側を隔てる細胞膜が半透膜として働きます。

野菜に塩をかけると、人間の体内における浸透圧が分かりやすくなります。例えば、料理の際に味をしみこみやすくするためにキュウリを塩でもむことは多いです。約95％が水分であるキュウリを塩でもむことで独特の青臭さがなくなり味が浸透しやすくなるのです。キュウリも植物であるためたくさんの細胞でできています。細胞の内側と外側は細胞膜で区切られており、両側の塩分濃度が異なると、水分は塩分の濃いほうに移動します。これが浸透で、濃度の差が大きくなればなるほど、水分が移動する力は大きくなります。

キュウリを塩でもむと、細胞内の水分が外側に出てきて、細胞はしぼんだ状態になります。そのためキュウリ独特のパキッと折れる食感が失われるのです。調理はこの現象を利用し、時間がたって料理が水っぽくならないようにしたり、調味料が細胞内に入っていっておいしくなるようにしたりしています。

人間の体も同じです。細胞外のナトリウムや塩素の濃度で浸透する力、つまり浸透圧を調節して細胞を守っているのです。塩はすべての細胞にとって健全に活動するために欠かせない存在です。

消化・吸収を助け、体の調子を整え、脳に刺激を伝える

ナトリウムは胆汁やすい液、腸液などの材料になります。塩素は胃液の基になっていて、胃で食べ物を消化したり殺菌したりしています。このように、ナトリウムと塩素には消化を助ける働きがあります。また、消化された栄養素は、小腸でナトリウムの働きにより吸収されます。塩分が不足するとこの消化・吸収機能が低下して食欲不振になってしまうのです。

また、ナトリウムには筋肉を正常に機能させる働きがあり、ナトリウムが不足すると足の筋肉がつったり、けいれんを起こしたりすることがあります。また、ナトリウムには血液が酸性になるのを防ぐ重要な働きもあります。激しい運動をすると乳酸が作られ、血液が酸性になりがちな傾向があります。人間にとって血液が酸性化するのは極めて危険で、

免疫力が低下して、さまざまな病気を引き起こす可能性があります。また、疲労感や脱力感などといった症状を感じることもあるといわれています。ナトリウムは乳酸など血液中の危険な酸と結びついて、体を弱アルカリ性に保つ働きをしてくれるのです。

視覚、聴覚、嗅覚、味覚、触覚をまとめた五感は、目や耳、鼻、舌、皮膚にある感覚器が情報を受け取り、神経を通って脳に伝えられます。手や足を動かすように脳からの命令を伝えるのが神経細胞です。この神経細胞が感覚器からの情報や脳からの命令を伝えるときに、ナトリウムが必要になります。

自然塩と精製塩

塩には、大きく分けて、自然塩と精製塩があります。実は、私が塩に関わるきっかけになった「甘く感じた塩」と「いつもの塩」の違いは、自然塩と精製塩の違いでした。ただ、現在は商品に「自然塩」とか「ミネラル豊富」などの表示をすることは禁止されているので、自然塩と精製塩の違いは非常に分かりにくくなっています。

自然塩は法律などで明確に定義された言葉ではなく、自然に採掘される岩塩や、塩田法などの伝統的製法で作られた塩のことを指します。自然海塩や天然塩なども呼ばれます。自然塩を再加工した再生塩を含めることもあります。大きな特徴は、塩の主成分である塩化ナトリウムのほかに、ミネラルを含むことです。

一方の精製塩は、一般に塩化ナトリウムの純度が99・5%以上の塩を指し、イオン交換膜製塩法という方法で海水を化学的に精製して作った塩のことです。ナトリウムも塩素もミネラルの仲間であり、精製塩は純度が非常に高いため、原材料の海水に含まれていたミネラルはナトリウムと塩素以外はほとんど残っていません。

このように、自然塩と精製塩の違いは塩化ナトリウムの純度といえます。別の視点で見ると、ミネラルが残っているのが自然塩で、ミネラルがほとんど残っていないのが精製塩です。このミネラルが、本書の大事なテーマでもあります。

ミネラルが含まれる自然塩の種類はバラエティーに富んでいます。もちろん、塩化ナトリウムが主成分であることは共通しているものの、残っているにがり成分（ミネラル）の量や結晶の形・大きさなどが異なり、塩の味だけでなく手触りがベトベトしているか、サラサラしているかなどの扱いやすさも異なります。

にがりは、海水を濃縮して塩を結晶化させたあとに残った母液のことで、ミネラルを豊富に含んでいます。粗塩を貯蔵しているときに空気中の湿気を吸い、溶けて分離する液体もにがりです。漢字で「苦汁」と書き、その名のとおり、なめると苦い味がします。主成分の塩化マグネシウムにはタンパク質を固める性質があり、豆腐を作る際に利用する液体として知っている人も多いのではないかと思います。ずいぶん前になりますが、とあるテレビ番組がきっかけでにがりが大ブームになったこともありました。

消費者の立場からすると、自然塩と精製塩の区別が付きやすいほうが助かります。しかし、2008（平成20）年に「食用塩の表示に関する公正競争規約」が定められ、2010（平成22）年4月から商品の表示は「塩」または「食塩」のみとなりました。それまでは精製塩と区別するように自然塩や天然塩と記された塩が流通していましたが、そういった表現はできなくなったのです。

食用塩の表示が規制されるようになった背景には、1997（平成9）年に塩の専売制度が廃止されたとき、表示や品質規格などについてまったく基準が定められていなかったため、塩の生産者が乱立して競争が激化し、過激な表示が現れるようになったという状況がありました。ただ、「ミネラル豊富」などの表現も使用できないため、どのような塩なのか消費者が判断するには、パッケージの栄養成分表示をよく見て確認しなければならなくなっています。

さまざまな製塩方法

塩は健康にとって大事なものですから、水や米、牛肉などの産地や品質にこだわるのと同じように、塩の違いにもこだわってほしいと思います。原材料にもいろいろな種類があり、同じ海水を原材料にしている塩でも作り方によって、含まれるミネラル成分や量が異なります。原材料や製塩方法の違いが分かれば、日常的に口にしている塩への理解がより深まるはずです。

まず、原材料は海水のほかに、天日塩、岩塩、湖塩があります。日本は海に囲まれた島国で、塩には困っていないと思ってしまいがちです。しかし、実際に塩作りをしてみると分かりますが、海水の塩分濃度はわずか3・4％しかなく、塩の結晶を得るためには相当な労力が必要です。広い土地がある海外では大規模な塩田（水分を蒸発させるため海水をためておく土地）に海水を引き込んでおけば、放っておいても太陽の熱と風で塩の結晶が取れます。しかし、狭くて高温多湿な時期が多い日本では、さまざまな工夫をして塩分を濃縮し、煮詰めて結晶化させる作業が必要です。実は日本は塩の輸入に頼っている国なのです。

天日塩は海水などを天日乾燥させて作った塩のことで、天日塩を原材料とする際は多くの場合海外の大規模塩田で製造、輸入したものを使います。天日塩を海水または水で溶かし、釜で再度、結晶化したものが製品として多く流通しています。海水で溶かした場合には、ミネラル成分があとから加えられていることもあると聞きます。こうして作られた塩は、再生加工塩や再生塩、再結晶塩などと呼ばれます。天日塩を粉砕、洗浄した製品もあります。

日本が輸入している天日塩は、主にメキシコ、オーストラリア、インド、中国などで生産されたものです。生産地の大規模塩田では、海水をポンプでくみ上げて貯水池、蒸発池、結晶池へと順に移していく過程で、太陽熱や風の力で塩分が濃縮されていきます。ある一定の濃度まで濃縮されると、残った液体であるにがりが抜かれます。取れた塩は洗浄されたあと、水分を除くために一定期間、野積みされます。この製法による塩は、塩田の状況によっては塩に土砂成分が混入することがあります。

もちろん、日本の海水で作られた天日塩も存在します。

岩塩は、鉱物として採掘される塩です。大昔に海の一部が大陸の移動や地殻変動で陸地に閉じ込められて塩湖となり、やがて水分が除かれて塩分が結晶化し、その上に土砂が堆積してできたと考えられています。世界の岩塩の推定埋蔵量は、現在知られているだけでも数千億トンに上り、岩塩由来の地下かん水（濃い塩水）も含めると、岩塩は世界における塩の生産量の約3分の2を占めます。

日本に多く輸入されているのは、主に中国、南北アメリカ、ヨーロッパ、ヒマラヤの岩塩です。採掘したままの岩塩や、岩塩層に水を注入して溶かしたあとに精製し、再度結晶化したものがあります。岩塩はカルシウムを多く含み、マグネシウムは少ないという特徴があります。よく見かける岩塩がピンク色をしているのは赤い色の鉄分を含んでいるからです。

湖塩は岩塩ができる前の塩湖から作られる塩で、品質は岩塩と似ており、日本では作られていませんが、流通はしています。

次に、製塩方法の違いについては、海外では天日塩や岩塩を水に溶かして再結晶化する製塩方法が主である一方、日本では専ら海水を原材料としています。

海水を原料とする場合、まず海水を濃縮し、揚げ浜式塩田法などの製塩法で、それぞれ海水を濃縮します。

揚げ浜式塩田法は、塩分を濃縮するための塩田を砂浜に作り、人力でくみ上げた海水をまきます。すると太陽熱と風で水分が蒸発し、砂に塩分が付着しますから、それを集めて海水をかけ、濃い塩水を作ります。

天日を利用する塩田法は屋外で行っていたので、雨が多く国土が狭い日本には不向きでした。このため、イオン交換膜を使って濃縮する、イオン交換膜製塩法が日本で開発され、実用化されました。塩化ナトリウムの純度が99・5%以上の精製塩を作れる方法で、食用の塩に使われ始めたのは1960（昭和35）年頃でした。

精製に使用する装置は、大きな水槽の両端にプラスの電極とマイナスの電極を置き、その間に陰イオンを通しやすい膜（陰イオン交換膜）と陽イオンを通しやすい膜（陽イオン交換膜）を交互に並べたものをイメージすると分かりやすいです。そこにろ過した海水を加えてスイッチを入れると、ナトリウムはマイナス極側に向かいます。そして陽イオン交換膜を通過したあとに陰イオン交換膜を通過できずに停止します。逆に、塩化物イオンはプラス極側に向かい、陰イオン交換膜を通ったあとに陽イオン交換膜で停止します。

こうして、ナトリウムと塩素が濃くなる部屋と薄くなる部屋が交互にでき、濃い塩水が得られる仕組みです。海水に含まれるほかのミネラルはどうなるかというと、硫酸イオンを通しにくい陰イオン交換膜と、カルシウムやマグネシウムを通しにくい陽イオン交換膜を使います。そのため、濃縮された塩水は塩化ナトリウムの純度が高くなっています。

塩田法やイオン交換膜製塩法のほかにも、逆浸透膜法といって、水は通すけれどイオンは通さない膜を利用する方法もあります。

いずれかの方法で濃い塩水が得られたら、次は釜で煮詰めるなどして塩を結晶化する工程に入ります。釜で煮詰める以外に、温風中で噴霧して結晶化させる噴霧乾燥法や、加熱ドラムを使う方法もあります。最後に、乾燥、焼成、洗浄など品質調整工程を経て完了です。

このほか、藻塩という日本に古くから伝わる独特の製法で作られた塩があります。これは、海水に浸した藻を天日干しし、それにそのまま海水を注いで濃い塩水を作るか、藻を焼いた灰に海水を注いで濃い塩水を作る方法です。

また、焼き塩もスーパーの棚に並んでいます。これは、塩を焼いたもので、高温で加熱した結果、塩化マグネシウムなどのマグネシウム成分が水に溶けにくい酸化マグネシウムに変化しています。塩化マグネシウムが塩に多く含まれていると空気中の湿気を吸ってじめっとしますが、焼くことによってサラサラになります。水分が多いと結晶の粒が固まりやすいため、塩に含まれている水分は品質を表す重要な要素とされていました。

添加物を加えた塩もあります。添加物の例としては、①塩が固まるのを防ぎ、流動性を良くする塩基性炭酸マグネシウムなど ②カルシウムなどの栄養成分 ③減塩のための塩化カリウム ④うま味成分であるグルタミン酸などの調味料――があります。

添加物は、食品衛生法で認められた化合物が使われます。米国などヨウ素が不足する国や地域では、ヨウ素欠乏症を防ぐために食用塩にヨウ素を添加して販売しています。日本ではヨウ素は食品添加物として認められていないので、ヨウ素が添加された食用塩は流通していません。

工業に使われる塩化ナトリウム

実は、日本の塩の自給率は10％しかありません。財務省の「２０２1年度塩需給実績」によると、８５７万トンの消費量に対して、国内の生産量は86万トンでした。日本は塩資源に乏しいということが、この数字に表れています。

背景には塩の工業用の用途はほとんどソーダ工業で炭酸ソーダなどを作るために使われます。これらは化学工業の基礎物資であるため安くないと困ります。また、塩はそれらの原料物資であるため当然安くなければなりません。高い輸送費をかけても日本が世界一の塩輸入国であるのは特殊な事例だといえます。

工業分野など食用以外での利用で純度の高い塩を作るイオン交換膜製塩法が日本で開発されたのは、戦後で工業利用の塩の輸入難に直面し、自給を目指したことがきっかけでした。

日本で1年間に消費された塩８５７万トンのうち、75％に当たる６４７万トンがソーダ工業の原料として使われました。そのほか、水産、しょうゆアミノ酸、調味料などの食品工業用や融氷雪、一般工業、家畜、医薬品用などとして消費された量が全体の23％の198万トン、家庭や飲食店などの生活用として消費された量は全体のわずか1・4％の12万トンでした。

ソーダ工業は塩を原料にしてさまざまな基礎素材を製造し、幅広い産業分野に原料や反応材を提供している重要な工業分野で、私たちの生活を支えています。ソーダ工業で作られる製品は、カセイソーダ（水酸化ナトリウム）、塩素、液体塩素、塩酸、次亜塩素酸ソーダ、さらし粉（次亜塩素酸カルシウム）、炭酸ナトリウム、水素などです。これらの用途は非常に幅広く、紙・パルプ、化学繊維、石けん・洗剤、染料、医薬品、プラスチック、食品、ガラス、樹脂、消毒・殺菌剤など身の回りのあらゆるものといってもいいくらいです。

このソーダ工業界で1950（昭和25）年頃から、イオン交換膜を使った製塩方法の研究開発が進められました。その後、製塩業界に導入され、私たちの口に入る塩の大半がイオン交換膜で作られた塩化ナトリウム99・5％以上の精製塩に代わることになったのです。

塩化ナトリウムは道路の凍結防止剤としても使われます。寒い冬の道路に塩化ナトリウムをまいておくと、氷点下になっても凍結しにくくなります。塩が使われるようになったのは１９７０年代後半になってからのことで、以前は塩化マグネシウムや塩化カルシウムなどが使われていましたが、純度の高い塩化ナトリウムがイオン交換膜で安価で製造できるようになり、イオン交換膜製塩法が広まっていきました。

［第2章］

糖尿病、認知症、うつ病、がん……
ミネラル不足の塩が体に及ぼす影響

ミネラルは体が必要とする栄養素

塩には自然塩と精製塩があり、塩化ナトリウム99・5％以上の精製塩には、ミネラルがほとんど含まれていませんが、この場合、ミネラルとは体内で必要とされる亜鉛やマグネシウム、鉄などの微量金属のことを指します。人間の体の約95％は酸素、炭素、水素、窒素の4元素でできていて、ミネラルは残りの約5％にすぎません。しかし、量は少ないものの、体内では多様なミネラルがそれぞれたいへん重要な役割を果たし、体と脳の発達や、精神的な気質にまで影響を及ぼします。人間が生きていくために必要とされる「必須ミネラル」は、ナトリウム、塩素、カリウム、カルシウム、マグネシウム、リン、硫黄、鉄、亜鉛、銅、マンガン、コバルト、クロム、ヨウ素、モリブデン、セレンの16種類が挙げられます。大量に摂れば毒である鉛なども、微量であれば人体に必須なミネラルです。

ところで、ナトリウムや塩素もミネラルなので、ほぼナトリウムと塩素でできている精製塩にミネラルがほとんど含まれていない、というのは正確ではありません。本来なら「精製塩にはナトリウムと塩素以外のミネラルはほとんど含まれていない」というべきなのです。しかし、この本ではあえて「ナトリウムと塩素以外の」という部分は省略する場合があります。重要なのは、さまざまなミネラルのバランスです。

生命を生み育んでくれた海。羊水の成分も海水と同じ

なぜ、私たち生物はミネラルを必要とするのかについての説明は、生命の誕生にまでさかのぼります。

地球上の最初の生命は、約35億年前に海の中で誕生したと考えられています。原始の地球は火山ガスに覆われて酸素はほとんどなく、できたばかりの海は強い酸性でした。酸には金属を溶かす性質があります。このため、地球上の鉱物が溶けてナトリウムやカルシウム、マグネシウム、鉄、アルミニウムなどが海水に溶け込んだ状態でした。海水は約90種類ある地球上における天然の元素のほとんどを含んでいたと考えられます。金属が溶け出すうちに海水は酸性から中性に変化し、次第に現在のアルカリ性に近い状態になっていきました。

生命が生まれるとき、海にある成分が利用されました。微量に含まれるミネラルも重要な役割を果たし、現在に至るまで替えのきかない材料として使われています。現在の私

たちの視点では、生命活動に必要なミネラルが海に豊富に存在するということになりますが、もともとは海水の成分を活用して生命の仕組みがつくられたのです。

体内でのミネラルは、歯や骨の材料になったり、タンパク質の形を整える役割を果たしたり、細胞と細胞の間を取りもったりとさまざまです。ミネラルが不足すると、タンパク質の形を正常に保てなくなったり、細胞と細胞の連絡がうまくいかなくなったりし、その結果としてなんらかの症状が体に現れます。糖尿病、認知症、うつ病、がんなどとの関係も指摘されています。今後さらに、ミネラル不足と疾患との関係が明らかになってくる可能性があります。

海で生まれた生命はその後、約30億年もの間ずっと海に守られ、養われながら進化を続けました。約5億4000万年前のカンブリア紀には「カンブリア爆発」と呼ばれるさまざまな種類の生物が爆発的に出現しましたがこの頃まだすべての生物は海のなかにいました。

やがて、オゾン層が形成されるなど地球環境が整っていたことで、生物が陸上で暮らすようになりました。陸上に生物が出現してからも、生命活動に必要なものは変わりません。このため、生物は体の中に「海」を保ったまま陸上に上がったのです。

こう考えると、生命が長い時間を過ごした海の影響が、私たちの体に色濃く残っているのも当然だと考えられます。例えば、胎児は母親の羊水の中で育ちますが、この羊水の成分は海水と非常に似ているのです。母なる大地や、母なる地球という言い回しがありますが、むしろ、母なる海という表現こそが最もふさわしいといえます。

血液の液状成分である血漿《けっしょう》も、海水の成分と非常に似ていることが指摘されています。生理食塩水は0・9％の食塩水のことで、人間の体液とほぼ同じ浸透圧に調整され、水分補給が必要な重症の患者に注射をします。また、刺激が少ないため、傷の洗浄、目の湿潤保持などにも用いられます。

また、リンゲル液という生理食塩水にカリウムやカルシウムなどを加えたものがあります。血液の代用として皮下または静脈に注射します。

医学博士である真島真平先生の著書『現代病は塩が原因だった！』（泉書房）によると、真島先生は医学徒だった戦時中、血液の代用として使うリンゲル液が戦地などで手元にない場合は、「とにかく海水を3倍に薄めて注射すればよい」と教わったそうです。卒業したら軍医少尉に任官され、直ちに戦場に赴くことになっていて、実践教育として教わったのです。

真島先生は同書で「これはとりもなおさず、海水が命の水であることを物語っています。海水には、人間が生きていくうえで、人間を急速に活性化させるうえで必須のミネラルが含まれているのです」と記しています。

また、消化器官の病気で手術を受け、口から食事が摂れない場合は、高カロリーの輸液を静脈に入れて栄養補給をします。その中に微量のミネラルを加えなければ、特に長期にわたって輸液点滴を受ける患者の健康はきちんと保てないことが分かっています。

一般社団法人・日本埋立浚渫《しゅんせつ》協会のウェブサイトに「海の基本講座」というコーナーがあり、海水成分の変化と生物の塩分比率を巡って、非常に興味深い記述がありますので、一部を引用します。

よく「海水の塩分比率は生物の体液と近い」と言われることがあるが、生体の塩分濃度は約0・9％であり、海水の約3・4％に比べるとはるかに低い。ただし、海水の塩分濃度は、地球という惑星の長い歴史のなかで少しずつ濃度を増しており、原始海水は現在の海水よりもカリウム濃度が高かった。このため生体の細胞質基質の電解質組成は、地球に生命が誕生した当時の海水に近いものと考えられている。また、細胞外液の組成は、浸透圧が低くナトリウムの比率が高くなっており、これは生命が海から陸上に生活圏を広げた時代の海水に近いと言われている。

つまり現在の海水の塩分比率こそ、生物の体液の塩分比率とは異なるが、生物の細胞質基質や細胞外液などは、太古の海水の組成を今に伝えているともいえるだろう。

この文章に出てくる細胞質基質とは、端的にいうと細胞内の液体のことです。原始海水で生まれた生命は、その環境（カリウムが多い）を細胞内に閉じ込めて海水の変化（ナトリウムが多くなる）に対応し、さらに血液などの体液を当時の海水と同じ状態にして陸上に上がったのではないかということです。このように私たちの体は、海でできているのです。私は、35億年前からの海の歴史が刻み込まれているのだと思うと感動を覚えます。

海水の成分

海水は96・6％の水と3・4％のミネラル成分で構成されています。1リットルの海水に約34グラムのミネラルが含まれていることになります。

含まれているミネラルは実に多彩です。成分（元素）を多い順に挙げると、塩素、ナトリウム、マグネシウム、硫黄、カルシウム、カリウム、臭素、炭素、窒素、ストロンチウム、ホウ素、ケイ素、フッ素、アルゴン……と続きます。必須ミネラル16種類はもちろんすべて含まれているのです。

日本人はミネラル不足

ミネラルの重要な特徴は、体の中で作れないということです。ミネラルは失われていくので、食べ物や飲み物から体に取り入れて、補っていかなければなりません。食べ物によって、含まれるミネラルの種類や量はさまざまです。だからこそ、食事の際に偏食せずにいろいろな種類の食べ物を摂る必要があります。

日本人はミネラルが不足する傾向にあります。国立健康・栄養研究所の「諸外国の栄養素等摂取量の比較」調査によると、カルシウムの1日あたりの摂取量は、日本（20歳以上）が498ミリグラムなのに対し、米国（20歳以上）は966ミリグラム、イギリス

諸外国の栄養素等摂取量の比較

	日本（20歳以上）	韓国（1歳以上）	米国（20歳以上）	イギリス（19～64歳）	オーストラリア（19歳以上）
カルシウム	498	497.5	966	813	804.6
リン	1012	1092.7	1391	−	1466.9
マグネシウム	255	−	306	272	338.7
鉄	7.9	16.9	14.2	10.5	11.1
亜鉛	8.4	−	11.1	8.6	11.0
銅	1.14	−	1.2	−	−
カリウム	2350	2973.5	2618	2834	2912.5
食塩（グラム）	10.1	9.9	9.0	−	6.2

食塩以外の単位はミリグラム、「−」はデータなし
国立健康・栄養研究所「諸外国の栄養素等摂取量の比較」調査

（19～64歳）は813ミリグラム、オーストラリア（19歳以上）は804・6ミリグラムです。日本は欧米の5～6割程度しかカルシウムを摂っていないことになります。海を挟んで隣の韓国（1歳以上）は497・5ミリグラムで、日本とほぼ同じでした。

食塩だけが例外ですが、オーストラリアも含めた欧米よりも日本はミネラルの摂取量が少ない傾向にあります。韓国は、カルシウムとリンの摂取が日本と同様に比較的少なく、鉄とカリウムは欧米以上に多い傾向です。

日本がミネラル不足になりやすい原因として、いくつかの背景があります。まず、日本のほとんどの地域において水はカルシウム

やマグネシウムをあまり含まない軟水です。日本は地形の影響で、降った雨水が地層などに触れる時間が非常に短く、カルシウムやマグネシウムなどのミネラル成分をあまり取り込まないまま海に出てしまうのです。また、雨の多い日本では、土壌からミネラルが流されて失われやすくなっています。このような土地や水で大量の化学肥料で作られる農作物は、ミネラル不足になっている可能性があります。

さらに、調理に使用する塩のほとんどが、ミネラルが除かれて塩化ナトリウムに偏った精製塩である影響も考えられます。また、摂取量のデータには関係しませんが、調理器具が鉄からステンレスに変化したことや、気候が高温多湿のため汗をかきやすくミネラルも一緒に失われてしまうことなど、ミネラル不足に陥りやすい状況も指摘されています。

ミネラルはどんな働きをしているか

ミネラルの働きは、大きく3つに分けられます。

①骨や歯など体の構成成分になる

②血液やリンパ液など体液に溶けて、pHや浸透圧の調整、神経や筋肉の興奮性の調整を

する

③タンパク質などと結びついて、酵素の構成成分となる

こうして見ると想像以上に重要な働きをしていることが分かります。必須ミネラルがどれか一つでも不足すると私たちは健康ではいられなくなり、最終的には生命に関わる事態に陥ってしまいます。

厚生労働省が公表している「日本人の食事摂取基準（2020年版）」は、必須ミネラル16種類のうちナトリウム、カリウム、カルシウム、マグネシウム、リンの5種類を「多量ミネラル」、鉄、亜鉛、銅、マンガン、ヨウ素、セレン、クロム、モリブデンの8種類を「微量ミネラル」に分類し、それぞれについて摂取量の基準を示しています。しかし、ミネラルの働きは、現代の医学でも細部まで解明されたわけではありません。

ナトリウムは浸透圧を調節する

ナトリウムは主に細胞の外側に存在し、細胞内にはわずかに含まれるだけです。50％は

細胞外液中にあって細胞外液の量を一定に維持し、浸透圧や酸性・アルカリ性のバランスの調節にも重要な役割を果たしています。40％は全身の骨に存在します。

ナトリウムが欠乏すると消化機能の低下や全身がだるくなるなどの症状が現れ、重症化すると死に至ります。

過剰摂取の場合は高血圧の症状をもたらすとされていますが、一方で複数の医師や専門家などから、多くの人は塩を多く摂っても高血圧にはならないなどと異議も唱えられています。

国や各種団体は、塩の過剰摂取が高血圧の原因になるという立場からさまざまな基準を設けています。厚生労働省が5年ごとに公表している「日本人の食事摂取基準」の2020年版では、日本人が当面の目標とすべき食塩の摂取量は成人男性で1日あたり7・5グラム未満、成人女性で6・5グラム未満とされました。日本高血圧学会高血圧治療ガイドラインは、減塩目標を1日あたり6グラム未満としています。

「令和元年国民健康・栄養調査」によると、食塩の1日あたりの摂取量は20歳以上で平均10・1グラムでした。全世代で目標量を超え、60～70代で特に多い傾向があります。やはり塩やしょうゆ、みそなどの調味料からの摂取が多く、20歳以上の男女では全摂取量10・1グラムのうち調味料が6・7グラムを占めています。調味料の内訳は、しょうゆ1・7グラム、塩1・2グラム、みそ1・2グラムなどでした。そのほか、パンや漬物、干物などの魚介加工品、ハム・ソーセージなどからも塩分を摂っています。

日本人が当面の目標とすべき食塩の摂取量

	男性	女性
1～2歳	3.0未満	3.0未満
3～5歳	3.5未満	3.5未満
6～7歳	4.5未満	4.5未満
8～9歳	5.0未満	5.0未満
10～11歳	6.0未満	6.0未満
12～14歳	7.0未満	6.5未満
15～17歳	7.5未満	6.5未満
18～29歳	7.5未満	6.5未満
30～49歳	7.5未満	6.5未満
50～64歳	7.5未満	6.5未満
65～74歳	7.5未満	6.5未満
75歳以上	7.5未満	6.5未満

（単位・グラム）

厚生労働省「日本人の食事摂取基準」2020年版

カリウムはナトリウムを排出させる

カリウムは野菜や果物などに多く含まれます。野菜や果物を食べようという呼びかけをよく見かけるのは、野菜や果物にはミネラルやビタミン、食物繊維が豊富に含まれているのにもかかわらず、特に若い世代ほど野菜や果物の摂取量が少ないためです。

野菜や果物に多く含まれるミネラルで重要なのがカリウムです。カリウムはナトリウムと反対に、血圧を下げる作用があります。

野菜などに含まれるカリウムは、加工すると量が減ってしまう性質があります。カリウムは小腸で吸収されたあとに全身に運ばれ、大部分が腎臓によって体外に排出されます。ただ、腎臓はカリウムを吸収していて、このように量を調節することで血中のカリウム濃度を一定に保っています。

体内では、細胞の外に存在するナトリウムとは対照的に、カリウムは主に細胞の中に存在します。ナトリウムと相互に作用しながら、細胞の浸透圧を維持したり、水分を保持したりと重要な役割を果たしているのです。酸性・アルカリ性のバランスの維持や神経刺激の伝達、心臓機能や筋肉機能の調節、細胞内の酵素反応の調節などの働きもしています。

カリウムが血圧を下げる作用は、ナトリウムを尿から体外に出すことによって機能します。摂取するナトリウム／カリウムの比率（分母がカリウムで、分子がナトリウム）を低くすることで、血圧を下げる効果が見られるという研究結果が報告されています。

カリウムの1日あたりの目安量は「一定の栄養状態を維持するのに十分な量であり、目安量以上を摂取している場合は不足のリスクはほとんどない」とされています。

カリウムの1日の摂取量は、「令和元年国民健康・栄養調査」によると平均で2299ミリグラムでした。日本人がカリウムの摂取源としている主な食品は、大根、キャベツ、ニンジン、トマトなどの野菜のほか、納豆、バナナ、豚肉、鶏肉、牛乳、コーヒー、しょうゆ、みそなどでした。年代別のカリウム摂取量は、男性は20代が2080ミリグラムと最も少なく、10代後半から50代までの幅広い世代で不足しています。女性は20代（1743ミリグ

カリウムの1日あたりの目安量

	男性	女性
1～2歳	900	900
3～5歳	1000	1000
6～7歳	1300	1200
8～9歳	1500	1500
10～11歳	1800	1800
12～14歳	2300	1900
15～17歳	2700	2000
18～29歳	2500	2000
30～49歳	2500	2000
50～64歳	2500	2000
65～74歳	2500	2000
75歳以上	2500	2000

（単位・ミリグラム）

厚生労働省「日本人の食事摂取基準」2020年版

ラム）と30代（１８９６ミリグラム）が足りていません。

また、生活習慣病の予防のために望ましいと考えられる目標量は、先ほどの表の目安量よりも高く設定されていて、成人男性で３０００ミリグラム以上、成人女性で２６００ミリグラム以上です。国連の世界保健機関（ＷＨＯ）は２０１２年に公表したガイドラインで、男女ともさらに多い３５１０ミリグラムを推奨しています。

こうしてカリウムについて知ると、ちょっとした疑問が浮かびます。カリウムは、ナトリウムを排出して血圧を下げる機能があるのですから、「減塩」の推進と同じくらいの熱意で「増カリウム」も推進したほうがいいのではないかということです。高血圧対策を記した冊子などでは、あまりに減塩ばかりに焦点を当て過ぎていると感じます。

例えば「日本人の食事摂取基準（２０２０年版）」においても、「高血圧の危険因子の一つとしてナトリウム（食塩）の過剰摂取があり、主としてその観点からナトリウム（食塩）の目標量が算定されている。しかし、高血圧が関連する生活習慣としては、肥満や運動不足等とともに、栄養面ではアルコールの過剰摂取やカリウムの摂取不足も挙げられる。ナトリウム（食塩）の目標量の扱い方は、これらを十分に考慮し、更に対象者や対象集団の特性も十分に理解した上で、決定する」と記されています。

ネットでカリウムと高血圧について調べてみると、「排塩」という言葉を使ってカリウムなどの摂取を呼びかけているサイトがいくつか見つかります。「排塩」とは塩を摂取しないようにする「減塩」とは違い、摂取してしまった塩の排出を行うことです。もちろん私も「排塩」に賛成です。

なぜならカリウムは不足しがちとはいえ、通常の食事をしていればほとんど欠乏症が見られることはありませんが、激しいおう吐や下痢などを起こしてカリウムが失われると、筋力の低下、筋肉のけいれんやひきつり、まひ、不整脈を起こすことがあります。長期にわたった場合は、腎臓に問題が生じることがあり、頻尿にもつながる、人間の体になくてはならないミネラルの一つだからです。

一方、過剰摂取の恐れもほとんどありませんが、腎臓には体内で不要になった老廃物や毒素を尿中に排出する働きがあり、この働きが極度に低下した尿毒症になるとカリウムが体内に過剰なまでに増えることになります。腎臓の機能に影響する薬剤や、サプリメントの過剰摂取もカリウム濃度の上昇の原因になります。この高カリウム血症を起こすと、カリウムの濃度が高まるにつれて心臓の働きが弱まり、不整脈が現れて、濃度が極めて高くなると心臓が止まる危険があります。

塩素もミネラルの一種

塩素も必須ミネラル16種のうちの一つです。塩の主成分である塩化ナトリウムは、ナトリウムと結合した状態です。体に取り込まれるとマイナスの電気を帯びた塩化物イオンに変わり、さまざまな働きをします。通常、日本人は塩素不足になることはありません。過剰に摂取しても、汗や尿として体の外に排出されます。

塩素は、胃液の成分となり、食べ物の消化を促進し、体液の浸透圧のバランスを保ちます。このため、塩素が不足すると、胃液の酸性度が低下し、消化不良や食欲低下が現れる可能性があります。

カルシウムが不足すると骨が弱くなる

カルシウムは体重の1~2%を占め、その99%は骨や歯に存在します。残りの1%は血液や組織液、細胞に含まれています。カルシウムも日本人には不足しています。

カルシウムの一般食品からの1日の摂取量は、「令和元年国民健康・栄養調査」によると505ミリグラムです。年代別では男性が20歳以上で503ミリグラム、65～74歳で558ミリグラム、75歳以上で561ミリグラム、女性が20歳以上で494ミリグラム、65～74歳で567ミリグラム、75歳以上で525ミリグラムとなっていて、推奨量に比べて摂取量は不足しています。

カルシウムの1日あたりの推奨量

	男性	女性
1～2歳	450	400
3～5歳	600	550
6～7歳	600	550
8～9歳	650	750
10～11歳	700	750
12～14歳	1000	800
15～17歳	800	650
18～29歳	800	650
30～49歳	750	650
50～64歳	750	650
65～74歳	750	650
75歳以上	700	600

（単位・ミリグラム）

厚生労働省「日本人の食事摂取基準」2020年版

気になるのは、男女とも10代後半～50代が特に摂取が少ないことです。30代男性は395ミリグラムしか摂れていません。

カルシウムを多く含む食品は、煮干し（カタクチイワシ）、ひじき、チーズ、牛乳、おから、ゴマ、切り干し大根などが挙げられます。いずれも日本の伝統食品で、和食を好む人が多い70代が最もたくさんのカルシウムを摂取している理由が分かります。

日本人が欧米人と比べてカルシウムの摂取量が少ないのは、水に含まれるカルシウムやマグネシウムの量の違いが背景にあるようです。日本の水はほとんどがミネラルをあまり含まない軟水です。一方、欧米は降った雨水が時間をかけて地下や川を流れ、ミネラルがたくさん溶け込んだ硬水になります。日本で暮らす私たちは、意識してカルシウムやマグネシウムなどのミネラルを摂取する必要があります。

血液中のカルシウム濃度は比較的狭い範囲に維持されており、濃度が低くなると主に骨からカルシウムが溶け出し、元の濃度に戻そうとします。ちょうど、骨が貯金箱の役割を果たしているわけです。カルシウム不足が続けば貯金がどんどん減っていき、骨の量が減って骨が弱くなり、骨折しやすくなる病気である骨粗しょう症を引き起こしてしまいます。高齢になるほど患者数は増え、日本には1000万人以上の患者がいるとされています。

骨は一度できあがれば変化しにくいのではなく、新たに作られること（骨生成）と溶かして壊されること（骨吸収）が常に行われていて、体の骨はそのバランスのうえに成り立っています。バランスが崩れて骨吸収の割合が勝ってしまうと、骨がスカスカになっていきます。

骨の外に存在するカルシウムは全体量に比べると少ないながらも、非常に重要な働きをしています。その働きは、細胞を活性化させ、神経の興奮を抑制する、酵素を活性化する、出血を防ぐために血液を固める――など多数に上ります。このため、カルシウムが不足すると、骨からカルシウムを引っ張り出し、血液中のカルシウムの濃度を一定に保とうとするのです。

カルシウムが欠乏すると、骨粗しょう症だけでなく、高血圧や動脈硬化を招くことがあります。逆に、過剰摂取は、重症化すると意識不明に至る高カルシウム血症、軟組織の石灰化、泌尿器系結石、前立腺がん、鉄や亜鉛の吸収障害、便秘などを生じさせる可能性があります。

口から摂取したカルシウムは、主に小腸の上部で吸収されます。吸収率は成人で25～30％程度しかありません。ビタミンDにはカルシウムの吸収を促進する働きがあり、骨の健康を守るためにビタミンDが重要だというのは、この働きのためです。

カルシウムが不足すると、骨や歯に影響するだけでなく、筋肉のけいれんを起こしたり、精神的に興奮しやすく、怒りっぽくなったり、落ちつきがなくイライラしやすくなったりします。私たち人間は、カルシウムイオンを使って神経を制御しているのです。イライラしている人がいたら、カルシウムが足りてないと言うことがあるように、カルシウム不足が情緒に影響することは広く知られています。

マグネシウムは酵素を活性化させる

マグネシウムは体内に約20～30グラム存在し、そのうち50～60％はリン酸マグネシウムや炭酸水素マグネシウムの形で骨や歯に含まれます。残りは筋肉や脳、神経に存在します。

一方、「令和元年国民健康・栄養調査」によると、マグネシウムの1日の摂取量の平均は247ミリグラムです。年代別では男性が20歳以上で270ミリグラム、65～74歳で297ミリグラム、75歳以上で280ミリグラム、女性が20歳以上で242ミリグラム、65～74歳で280ミリグラム、75歳以上で249ミリグラムとなっていて、推奨量に比べて摂取量は不足気味です。

カルシウムが若い世代で摂取が少なかったのと同じように、マグネシウムも20代、30代で特に少ない傾向があります。これもカルシウムと同様、マグネシウムを多く含む食品がわかめや昆布、玄米、切り干し大根、納豆など日本で伝統的に使われてきた食材で、日本の水がミネラルをあまり含まない軟水だということが背景にあると考えられます。

マグネシウムの1日あたりの推奨量

	男性	女性
1～2歳	70	70
3～5歳	100	100
6～7歳	130	130
8～9歳	170	160
10～11歳	210	220
12～14歳	290	290
15～17歳	360	310
18～29歳	340	270
30～49歳	370	290
50～64歳	370	290
65～74歳	350	280
75歳以上	320	260

（単位・ミリグラム）

厚生労働省「日本人の食事摂取基準」2020年版

こうして考えてみると、私たち日本人の食生活は戦後、速いスピードで欧米化が進みましたが、基本となる飲料水はミネラルが少ないままで変わりませんでした。

また、日本の土壌で作られる米や野菜も、栄養素の割合や量が欧米とは異なる可能性があります。そういう環境のなかで食生活が欧米化したひずみが、日本人のカルシウム不足、マグネシウム不足という形で現れていると考えられます。日本の伝統的な食生活は、日本の風土や日本人の体質に合わせて築かれていったのだと思います。私たちはカルシウムやマグネシウムなどさまざまなミネラルの不足に真剣に対処しなければなりません。

マグネシウムは骨や歯の形成のほか、３００種類以上の酵素を活性化させる働きがあり、エネルギーの産生や筋肉の収縮、栄養素の合成・分解、神経情報の伝達、体温・血圧の調整、血栓を作りにくくする作用など生命維持に必要なさまざまな機能に関与しています。マグネシウムが不足すると、カルシウムと同じように骨からマグネシウムが溶け出し、優先度が高い使い道に回されます。

不足して現れる症状としては、不整脈や高血圧、吐き気、おう吐、眠気、脱力感、筋肉のけいれん、震え、食欲不振があります。神経過敏や抑うつ感などが生じることもあります。不足が長期にわたると、骨のマグネシウムが減少するため骨粗しょう症のリスクが高まると考えられます。また、心臓の病気や糖尿病のような生活習慣病のリスクも上昇させることが示唆されています。カルシウムやマグネシウムを含む硬水を飲用している地域では、心筋梗塞や狭心症による死亡者が少ないという報告もあります。

健康な人の場合、余分なマグネシウムは腎臓で排出されますが、腎臓の機能が損なわれていると血液中のマグネシウム濃度が高くなることがあります。通常の食事では摂り過ぎることはありませんが、サプリメントや薬でマグネシウムを摂り過ぎると下痢を起こすことがあります。下剤に使われる酸化マグネシウムは、大腸が水分を吸収するのを抑えて便を軟らかくしています。

リン不足は脱力感をもたらす

リンは体内に存在するミネラルのなかでカルシウムに次いで多く、成人の体内に最大で800~850グラム含まれます。多くがリン酸カルシウムやリン酸マグネシウムとして骨や歯の構成成分となっています。また、筋肉や細胞膜にも存在しています。さらに、遺伝子の実体であるDNAや、体の中でエネルギーの貯蔵に使われるATP(アデノシン三リン酸)という物質、そしてタンパク質にも含まれている生命にとって非常に大切なミネラルです。肥料の3要素（窒素、リン、カリウム）の一つであり、植物も、成長するために多量のリンを必要とします。

また、過剰摂取による健康障害を未然に防ぐ量として耐容上限量が設定されていて、成人は男女とも3000ミリグラムです。

リンの1日あたりの目安量

	男性	女性
0～5カ月	120	120
6～11カ月	260	260
1～2歳	500	500
3～5歳	700	700
6～7歳	900	800
8～9歳	1000	1000
10～11歳	1100	1000
12～14歳	1200	1000
15～17歳	1200	900
18～29歳	1000	800
30～49歳	1000	800
50～64歳	1000	800
65～74歳	1000	800
75歳以上	1000	800

（単位・ミリグラム）

厚生労働省「日本人の食事摂取基準」2020年版

日本人のリンの摂取量は、「令和元年国民健康・栄養調査」によると1日あたり平均1007ミリグラムです。年代別では、男性が20歳以上で1084ミリグラム、65～74歳で1151ミリグラム、75歳以上で1081ミリグラム、女性が20歳以上で948ミリグラム、65～74歳で1046ミリグラム、75歳以上で952ミリグラムとなっていて、通常の食事で不足も欠乏もしていない状態です。穀物からの摂取量が最も多く、肉類、乳類、魚介類と続きます。

リンが不足すると、脱力感や筋力低下、溶血、骨の軟化、発育不全などの症状が現れます。ただ、注意すべきなのは不足よりむしろ摂り過ぎです。リンは摂り過ぎると、腸管でカルシウムの吸収を妨げ、カルシウム不足をもたらす可能性があります。逆に、カルシウムの摂り過ぎはリンの吸収を妨げます。そのため、カルシウムとリンの摂取はほぼ同量が望ましいとされています。インスタント食品などの加工食品は食品添加物としてリンを多く使っているため、食事のバランスが悪い人はリンを多量に摂取してしまっている可能性があります。

鉄不足は貧血に

貧血気味のため、鉄を多く含むレバーを食べるようにしたり、サプリメントで補っていたりする人は多いのではないかと思います。赤血球に含まれるヘモグロビンは、タンパク質と鉄が結びついてできています。ヘモグロビンの中の鉄が酸素を捕まえて、体中にくまなく酸素を届けてくれるのです。

酸素と結合したヘモグロビンは鮮やかな赤色をしていて、結合していないと暗褐色です。肺で酸素を取り入れた動脈血と、体の組織に酸素を送り届けたあとの静脈血の色が異なるのはこのためです。

鉄が不足するとヘモグロビンが作れずに全身が酸素不足になり、疲労感、めまい、動悸、息切れ、立ちくらみ、頭痛、肩こり、不眠などの貧血症状が現れます。このような、鉄が不足したことによる鉄欠乏性貧血が、貧血の大部分とされます。

鉄も日本人に不足しやすいミネラルの一つです。鉄の場合、月経の有無によって推奨量が異なります。健康障害を起こすことのない上限量は、成人男性が50ミリグラム、成人女性で40ミリグラムに設定されています。

鉄の1日の摂取量は、「令和元年国民健康・栄養調査」によると、平均7・6ミリグラムです。年代別で見ると1～6歳が4・2ミリグラム、7～14歳が6・5ミリグラム、15～19歳が7・4ミリグラム、20～30代が6・8ミリグラムというように、若い世代で不足が顕著です。65〜74歳は十分な量の8・9ミリグラムを摂取しています。豆類からの摂取が最も多く、その次に野菜類、穀類が続きます。

食物に含まれる鉄は、タンパク質に結合した「ヘム鉄」と、そうではない「非ヘム鉄」に分けられます。ヘム鉄は体に吸収されやすく、魚や牛肉、豚肉、鶏肉、レバーなどに多く含まれます。非ヘム鉄は吸収されにくく、大豆やほうれん草、ひじきなどに多く含まれています。鉄が欠乏して生じる貧血の解消には、吸収されやすいヘム鉄を十分に摂る必要があります。また、ビタミンCは鉄の吸収を高め

鉄の1日あたりの推奨量（丸括弧内は月経ありの場合）

	男性	女性
6〜11カ月	5.0	4.5
1〜2歳	4.5	4.5
3〜5歳	5.5	5.5
6〜7歳	5.5	5.5
8〜9歳	7.0	7.5
10〜11歳	8.5	8.5（12.0）
12〜14歳	10.0	8.5（12.0）
15〜17歳	10.0	7.0（10.5）
18〜29歳	7.5	6.5（10.5）
30〜49歳	7.5	6.5（10.5）
50〜64歳	7.5	6.5（11.0）
65〜74歳	7.5	6.0
75歳以上	7.0	6.0

（単位・ミリグラム）

厚生労働省「日本人の食事摂取基準」2020年版

る働きがあるため、鉄不足を解消するうえで必要不可欠な存在です。

鉄は、筋肉のミオグロビンというタンパク質にも含まれています。このため、鉄不足は筋力低下や疲労感といった症状も起こします。また、認知機能の低下も引き起こすとされています。

一方、鉄の過剰摂取は通常の食事では起きませんが、サプリメントなどで過剰に摂ってしまうケースも考えられます。長期にわたって過剰に摂取すると、すい臓や肝臓、心臓などの臓器にたまり、ダメージを与える可能性があるため注意が必要です。

亜鉛が不足すると味が分からなくなる

亜鉛は体内に約2グラム存在し、主に筋肉や骨、皮膚、肝臓、脳、腎臓などに分布しています。

亜鉛はタンパク質と結合してさまざまな生理的機能を発揮します。100種類以上の酵素が必要で、免疫機能やタンパク質の合成、DNA合成、細胞分裂に重要な役割を果たします。体には亜鉛をためておくシステムがないため、亜鉛を毎日摂取することが重要です。

「令和元年国民健康・栄養調査」によると、私たちは亜鉛を米などの穀物から最も多く摂られていて、豚肉などの肉類、魚介類と続きます。1日の摂取量は平均8・4ミリグラムです。10代後半は10・1ミリグラムで比較的多く摂取していますが、20～70代は8ミリグラム台というように全体的に推奨量より不足しています。これは現代人の偏った食事や極端なダイエットが原因だと考えられます。

亜鉛が不足すると、皮膚炎や味覚障害、食欲不振、慢性の下痢、免疫機能障害、成長の遅れ、性的成熟の遅れ、ED（勃起障害）、脱毛、認知機能の障害などをもたらします。

特に、味覚の異常がよく知られ

亜鉛の1日あたりの推奨量

	男性	女性
1～2歳	3	3
3～5歳	4	3
6～7歳	5	4
8～9歳	6	5
10～11歳	7	6
12～14歳	10	8
15～17歳	12	8
18～29歳	11	8
30～49歳	11	8
50～64歳	11	8
65～74歳	11	8
75歳以上	10	8

（単位・ミリグラム）

厚生労働省「日本人の食事摂取基準」2020年版

ています。人間の舌には味蕾《みらい》という味を感じる器官があり、この味蕾の味覚センサーに食物に含まれる「味物質」が付くと電気信号が発生し、脳に塩味や甘味、酸味、苦味、うま味を伝えて味を認識します。味覚センサーは口の中で常に熱や刺激にさらされているためダメージを受けやすく、約10日ごとに新しいものと置き換わっています。亜鉛がないと味覚センサーを作れなくなってしまうため、不足すると味が分からなくなるのです。

ちなみに、塩味を感じさせる味物質は、塩化ナトリウムが水に溶けて生じるナトリウムイオンと塩化物イオンの両方だとされています。味覚は五味で成り立っていて、辛味と渋味は痛覚や温度感覚で感じ取っています。

また、味覚障害のほかには、亜鉛不足によって男性機能が低下するといわれています。

銅

銅も生命に必要なミネラルの一つです。

銅は体の中に約100ミリグラム含まれ、半分以上が筋肉や骨、肝臓に存在します。貧血予防や免疫力アップ、動脈硬化の予防、エネルギー生成などに欠かせません。

銅の1日の摂取量は「令和元年国民健康・栄養調査」によると平均1・12ミリグラムで、全世代を通じて推奨量に達しています。米からの摂取量が最も多く、大豆、野菜、魚介類がそれに続きます。

銅の1日あたりの推奨量

	男性	女性
1～2歳	0.3	0.3
3～5歳	0.4	0.3
6～7歳	0.4	0.4
8～9歳	0.5	0.5
10～11歳	0.6	0.6
12～14歳	0.8	0.8
15～17歳	0.9	0.7
18～29歳	0.9	0.7
30～49歳	0.9	0.7
50～64歳	0.9	0.7
65～74歳	0.9	0.7
75歳以上	0.8	0.7

（単位・ミリグラム）

厚生労働省「日本人の食事摂取基準」2020年版

銅の欠乏には、遺伝性の吸収不全から起こるものと、後天性のものがありますが、健康な人では、日常の食生活において銅が欠乏することはほとんどないといわれています。しかし、銅を添加していない高カロリー輸液の施行時や、銅の含有量が少ないミルクを主な栄養源としている乳児、未熟児などにおいて、欠乏症が起こることがあります。銅が欠乏すると貧血や骨の異常、毛髪の異常、白血球の減少、心臓や血管、神経の異常、成長障害などの症状が見られます。また過剰摂取の場合は、肝臓や脳などに蓄積して障害を起こすことがあります。

マンガンの１日あたりの目安量

	男性	女性
0～5カ月	0.01	0.01
6～11カ月	0.5	0.5
1～2歳	1.5	1.5
3～5歳	1.5	1.5
6～7歳	2.0	2.0
8～9歳	2.5	2.5
10～11歳	3.0	3.0
12～14歳	4.0	4.0
15～17歳	4.5	3.5
18～29歳	4.0	3.5
30～49歳	4.0	3.5
50～64歳	4.0	3.5
65～74歳	4.0	3.5
75歳以上	4.0	3.5

（単位・ミリグラム）

厚生労働省「日本人の食事摂取基準」2020年版

マンガン

人の体に存在するマンガンの量は、成人の体内で10～20ミリグラムと微量ですが、骨の発育に重要なミネラルの一つです。肝臓やすい臓、腎臓、毛髪などにも存在し、糖脂質代謝や運動機能、皮膚代謝などのさまざまな反応に関与しています。

通常の食生活をしていれば、

不足の心配はありません。動物実験でマンガンを不足させると、骨の異常や成長障害、妊娠障害などの症状が現れると報告されています。

ヨウ素

体内では、ヨウ素の70~80%は甲状腺に存在し、甲状腺ホルモンの主成分となります。甲状腺ホルモンは主に基礎代謝を促進し、タンパク質の合成の促進や脂質の代謝にも関わっています。また、子どもの体の成長や知能の発達にも重要です。

ヨウ素が慢性的に欠乏すると、甲状腺の機能が低下して全身の代謝が下がり、無気力、疲労感、全身のむくみ、体重増加などが生じます。うつ病や認知症と間違われることもあります。

ヨウ素は、特に昆布に高濃度で含まれ、日本では海藻や魚介類を多く摂取する食習慣があるため、世界でも珍しく必要量に対して十分にヨウ素を摂取していると考えられています。一方、世界の山岳地域や大雨・洪水などの多い地域では、土壌のヨウ素まで流され、結果として食物のヨウ素が少なくなり、そこに住む人々がヨウ素欠乏症にかかりやすくなっています。特に米国や中国などヨウ素が不足しやすい地域では塩にヨウ素を添加して流通しています。日本ではヨウ素は食品添加物として認められておらず、輸入製品にヨウ素添加食塩が使われていたことが判明すれば出荷停止と自主回収の対象になることもあります。

ヨウ素の1日あたりの推奨量と上限量

	男性		女性	
	推奨量	上限量	推奨量	上限量
1～2歳	50	300	50	300
3～5歳	60	400	60	400
6～7歳	75	550	75	550
8～9歳	90	700	90	700
10～11歳	110	900	110	900
12～14歳	140	2000	140	2000
15～17歳	140	3000	140	3000
18～29歳	130	3000	130	3000
30～49歳	130	3000	130	3000
50～64歳	130	3000	130	3000
65～74歳	130	3000	130	3000
75歳以上	130	3000	130	3000

（単位・マイクログラム）

厚生労働省「日本人の食事摂取基準」2020年版

ヨウ素を過剰に摂取すると、甲状腺の機能が低下することが知られています。原子力災害が起きると、放射性ヨウ素が放出されて甲状腺に蓄積する恐れがあるため、予防として安定ヨウ素剤を服用することがあります。放射性ヨウ素にさらされる前の24時間以内、またはさらされた直後に安定ヨウ素剤を服用すると、甲状腺への放射性ヨウ素の集積を90％以上減らすことができるので、甲状腺がんの発生を予防することが期待できるためです。

これまでの使用経験などから、１回服用しただけで重大な副作用が生じることは極めてまれとされ、現れる症状としては火照り感、皮疹《ひしん》、頭痛、関節痛、胸やけ、吐き気、下痢などがあります。

セレン

セレンの不足は、特有の病気を引き起こします。例えば、１９７０年代に中国の一部の地域で心筋症の一種のケシャン病が発生し、その地域ではセレンの平均摂取量が非常に低かったことが分かりました。その後、中国政府は

セレンの１日あたりの推奨量

	男性	女性
1～2歳	10	10
3～5歳	15	10
6～7歳	15	15
8～9歳	20	20
10～11歳	25	25
12～14歳	30	30
15～17歳	35	25
18～29歳	30	25
30～49歳	30	25
50～64歳	30	25
65～74歳	30	25
75歳以上	30	25

（単位・マイクログラム）

厚生労働省「日本人の食事摂取基準」2020年版

セレンの補充政策を実施しました。

また、セレンはDNAの修復や内分泌系、免疫系、抗酸化作用などに影響するため、がんの予防に役立つ可能性が指摘されています。セレンを多く摂取していると、がんの発生率が低下したという研究もあります。ただ、セレンでがんを予防できるかどうかをはっきりさせるには、さらに研究が必要だとされています。

クロム

クロムには3価クロムや6価クロムなどの種類があります。食品には必須ミネラルの3価クロムが含まれています。一方、6価クロムは発がん性物質です。同じ元素でも、種類が違うと毒になってしまう例の一つです。

3価クロムを、糖尿病の症状や耐糖能

クロムの1日あたりの目安量

	男性	女性
0～5カ月	0.8	0.8
6～11カ月	1.0	1.0
1～17歳	—	—
18～29歳	10	10
30～49歳	10	10
50～64歳	10	10
65～74歳	10	10
75歳以上	10	10

（単位・マイクログラム）

厚生労働省「日本人の食事摂取基準」2020年版

異常を起こしたラットに投与すると、症状の改善が認められました。耐糖能異常は、いわば糖尿病予備軍の状態です。ただ、人間で糖尿病の発症予防や治療に効果があるかどうかは、まだ明確な調査結果はありません。

モリブデン

モリブデンは肝臓や腎臓、皮膚などに存在し、特定のタンパク質の機能を補助するために必要です。モリブデンの不足でなにが起こるかは、例が少なくあまり知られていません。ただ、有害物質を分解するためになくてはならない物質で、必須ミネラルの一つです。

モリブデンの１日あたりの推奨量

	男性	女性
1～2歳	10	10
3～5歳	10	10
6～7歳	15	15
8～9歳	20	15
10～11歳	20	20
12～14歳	25	25
15～17歳	30	25
18～29歳	30	25
30～49歳	30	25
50～64歳	30	25
65～74歳	30	25
75歳以上	25	25

（単位・マイクログラム）

厚生労働省「日本人の食事摂取基準」2020年版

過剰に摂取すると銅の欠乏を招き、貧血や動脈硬化、心筋梗塞につながるという報告もあります。

コバルト

コバルトは古代から、ガラスや陶磁器を青色に着色する顔料に用いられ、現在では合金の材料として重要です。そして、必須ミネラルの一つでもあります。

コバルトは、体内ではビタミンB12の一部として使われるため、コバルトが不足するとビタミンB12が作れません。ビタミンB12はタンパク質やDNAなどの合成、アミノ酸や脂肪酸の代謝に関与しています。正常な赤血球を作るためにも必要です。

規則正しい食事を摂れば十分に摂取でき、体内の腸内細菌がビタミンB12を合成できたり、肝臓で貯蔵できたりする理由から、一般にビタミンB12は欠乏することはないと考えられます。不足すると、うまく血が作れず、悪性の貧血を起こします。しびれや知覚異常の症状も現れます。

バナジウム

バナジウムは必須ミネラルには入れられていませんが、脂質の代謝に関わり、血中コレステロールの増加を防ぎます。ただ、細かい働きについてはよく分かっていません。バナジウムも海水に含まれています。

糖尿病、認知症、うつ病、がん……ミネラル不足が引き起こす病気

このようにたくさんのミネラルが存在し、体の健康を保つためにはそれぞれ必要な量を摂らないといけません。どれか一つでも不足してしまうと、さまざまな症状が出て、健康に過ごせなくなってしまいます。しかし、このミネラルが不足するとこの症状が現れる、このミネラルが不足しているからサプリメントで補えばいい、というような単純な話ではありません。人間の体はもっともっと複雑にできているのです。

例えば、あるミネラルの吸収にほかのミネラルが関係している場合があります。リンを過剰に摂ると、腸管でカルシウムが吸収されにくくなります。亜鉛を摂り過ぎると、鉄

や銅が吸収されにくくなります。モリブデンの摂り過ぎで銅の吸収が妨げられ、銅不足によって血液が作られにくくなり貧血の症状を起こすことがあります。さらに、マンガンと鉄の吸収は互いに関係していて、食事に鉄が多く含まれているとマンガンは吸収されにくくなります。また、吸収とは違いますが、カリウムにはナトリウムを体の外に排出する働きがあり、ナトリウムの摂取量だけを気にするのは少し違うように思います。ミネラル同士の複雑な関係は、たくさんあり過ぎてとても把握しきれません。

何か一つのミネラルばかりを気にするというのではなく、バランス良く適度に摂るようにするのが正しいように思います。また、特定の病気とミネラルの関係を調べた研究は数多くあります。

まずは糖尿病についてです。日本糖尿病学会が2021（令和3）年に実施した患者を対象としたインターネットによるアンケート調査によると、糖尿病患者の大半が「糖尿病」という名称に不快感を抱いているという調査結果を受けて、名称変更が検討され始めました。甘いものの食べ過ぎや生活習慣がだらしないといった印象をもたれ、病気の正確な実態を表していないというのが主な理由です。新聞記事は、「『蜜尿病』とも呼ばれていたのが1907（明治40）年に統一された」「日本で最初の糖尿病患者は藤原道長といわれる」などの話題にも触れています。

糖尿病に関わるミネラルとしては、マグネシウムや亜鉛、マンガン、クロム、セレン、鉄などがあります。

マグネシウムの不足が長く続くと、糖尿病などの生活習慣病のリスクを上昇させることが研究で示唆されています。さらに、マグネシウムを摂る量を1日あたり100ミリグラム増やすと、糖尿病の発症を8～13％減少させるという海外からの報告もあります。亜鉛は、糖尿病患者にサプリメントを飲んでもらった結果、血糖値などを低下させる効果があったと報告されています。マンガンの摂取量が一定量を超えるグループは、糖尿病の発症リスクが低いという研究もあります。クロムは、糖尿病の予防に効果はないものの、糖尿病患者へ投与すると血糖値の改善をもたらす場合が多いようです。一方、セレンを多く摂ると糖尿病になりやすいという報告や、鉄の過剰摂取が糖尿病などの生活習慣病のリスクを高めるという報告もあります。

認知症に関しても、ネットや書籍でマグネシウムや銅、鉄、亜鉛、セレンなどの不足との関係を指摘するものが出てきていますが、根拠が明確に示されているものは少ない印象です。

うつ病については「マグネシウム、カルシウム、鉄、亜鉛などのミネラルを多く摂取している人は摂取が少ない人に比べて抑うつ症状が少ない」という研究成果を日本の研究グループが2015（平成27）年に発表しています。グループによると、これらのミネラルはセロトニンなどの脳神経伝達物質の合成に関わっていることが根拠として挙げられており、この結果は生物学的メカニズムの点からも妥当といえます。ただ、今後も研究によりミネラル摂取と抑うつ効果との関係を検証する必要があります。

がんとミネラルの関係にも関心が集まっています。厚生労働省のウェブサイトに、統合医療に関して米国国立がん研究所などが運営するサイトから許可を得て、抜粋した内容を掲載したコーナーがあります。

カルシウムは、医療関係者向けのページでは、「やや一貫性に欠けるが、結腸直腸がんの予防効果があることを強く示唆していると考えられる」という趣旨が書かれています。また、前立腺がんについては「乳製品およびカルシウムを大量に摂取すると前立腺がんリスクがわずかに増加する可能性がある」という結論に達した論文を紹介しています。

ただし、これも慎重に受け止めなければならないようです。同じサイトの一般向けページでは、同じカルシウムと結腸直腸がんと前立腺がんのリスクについて「現時点では、研究から明確な回答は得られていません」と記し、医療関係者向けページで紹介した研究結果については触れていません。中途半端に知識を仕入れて飛び付き、特定のミネラルや食品ばかり摂るようにしてしまうと、逆に健康を損ねてしまう可能性があります。

同じサイトの一般向けページでほかのミネラルについても調べてみると、マルチビタミン・ミネラルという項目がありました。「マルチビタミン／ミネラル（ＭＶＭ）サプリメントが、ある特定の男性集団にとって、がんの全体的なリスクを低下させる可能性があるという研究もありますが、大半の研究では、マルチビタミン／ミネラル（ＭＶＭ）サプリメントを摂取している健康な人が、がん、心疾患または糖尿病にかかる可能性を低下させることはない」とされています。

しかし、セレン（同サイトでは、同じものを指す「セレニウム」と表記）は「低用量のセレニウムしか摂取しない人は結腸直腸癌、前立腺癌、肺癌、膀胱癌、皮膚癌、食道癌、胃癌を発症するリスクを高める可能性があります」とありました。セレンが少ないと、がんのリスクを高める可能性があるようです。ただ、こちらもサプリメントに効果があるかどうかは明らかではないとし、研究を続ける必要性を指摘しています。

ミネラルはバランスが大切

ミネラルは体内で何か一つの機能を任されているというのではなく、一つひとつがさまざまな機能を担っているため、不足したときの症状も複雑なのだと思います。私たちにとって、人体はまだブラックボックスです。私たち人間自身がミネラルの働きを完全に理解する日が来るのかどうかは分かりません。今、私たちが心掛けるべきなのは、バランス良くミネラルを摂るようにする、ということに尽きます。

日本で伝統的に続けられていた食生活は戦後、特に高度経済成長期に大きく変化しました。インスタント食品など加工食品への過度の依存、行き過ぎたダイエット志向、肉や脂質を多く摂る食生活の欧米化、外食の増加、朝食を抜く人の増加……などが大きな変化として挙げられます。これらの変化によって、ミネラルのバランスは崩れてしまいました。

こうした事実は日本人としてしっかりと自覚しておく必要があります。

野菜のミネラルも減少？

私たち人間がミネラル不足に陥るように、私たちが食べている野菜にもミネラル不足は生じるのかについて調べるため、さまざまな書籍をひもとくと、一定の土地で大量の野菜を栽培することによって畑からミネラルがどんどん減り、そこで育つ野菜はミネラルが少ないという指摘が見られます。確かに、これはありそうな話です。野菜は畑の土からミネラルを吸収して育ち、野菜とミネラルは一緒に収穫されて私たちの元へ届きます。畑に新たにミネラルを加えなければ、野菜を育てれば育てるほど畑のミネラルは減っていってしまいます。畑のミネラルが直接、野菜のミネラル不足を引き起こし、結果的にそうした野菜を食する私たちがミネラル不足に陥って健康を失っているとしたら、それは私たち人間が大量の野菜を採ろうとしたしっぺ返しなのだと思います。

人間が農耕をする前であれば、例えば森では動物や植物の死骸とともにミネラルも土に還っていったのだと思います。畑も、堆肥を使っていた時代ならミネラルが供給されたのですが、現在使われている化学肥料では窒素とリン酸、カリウムばかりで、ほかのミネラルは不足しており、しかもその含有量は年々減少しています。

野菜の栄養価が低下しているという指摘は、文部科学省の日本食品標準成分表の数値の比較を根拠にしている場合が多いようです。例えば、1950（昭和25）年の同表では、ほうれん草100グラムに含まれる鉄分は13ミリグラムでしたが、1982（昭和57）年では3・7ミリグラム、2015（平成27）年には2ミリグラムに減っています。これだけを見ると、確かにほうれん草のミネラル（鉄）は減っていますが、同成分表には「分析方法は時代とともに進歩し、成分値の比較は適当ではない」という趣旨の注意書きがあり、ミネラルの減少は認めていません。また、海に近い土地にはミネラルが含まれ、野菜のミネラル成分は産地によって変わってきます。こうしたことから、昔と比べて野菜のミネラルが不足しているとは一概にはいえないという結論に留まってしまっています。

肉類も、えさの牧草や飼料に含まれるミネラルが少なくなると、その分、私たちが栄養として摂取するミネラルが不足してしまうことになります。

化学肥料や農薬を使わない有機野菜は、味が濃厚でおいしいと消費者に喜ばれています。私はミネラルが原因の一つだと考えます。畑の土にミネラルが十分にあれば、野菜も元気に育ち、ミネラルをたっぷり含んだ野菜として収穫されます。私たちの体は不思議なもので、体に不足しているものをおいしいと感じるようにできています。このため、ミネラルが不足した野菜と比べると、格別なおいしさを感じるのです。私も、ミネラルを豊富に含む海水から作られた塩を食べたときに同じ経験をしています。

白米はミネラルが削られている

私たちが日頃食べている白米は、玄米を精米し、ぬかを取り除いています。ぬかにミネラルなどの栄養素が豊富に含まれているので、わざわざ栄養素を取り除いて食べていることになります。江戸時代、それまで主に玄米を食べていた人たちの間に白米食が広がり、その頃からかっけが流行しました。地方の大名や武士が江戸を訪れてしばらく滞在すると、足元がおぼつかなくなったり、寝込んでしまったりと、体調が悪くなることが多くなったのです。故郷に帰ると治るため、「江戸患い」と呼ばれました。

これは、ビタミンB1の不足が招いた病気だったと考えられていますが、米ぬかにはカルシウムやマグネシウム、カリウム、リン、マンガン、鉄、亜鉛、ヨウ素などのミネラルも豊富に含まれています。江戸患いはビタミンB1の不足だけが原因ではなく、ミネラルの不足も大きく影響していた可能性があります。

ところで、玄米や米ぬかには、食塩の主成分であるナトリウムはほとんど含まれていません。玄米食は、ナトリウムの摂取が突出した日本人の食生活の弱点もうまく補ってくれる食材です。

白砂糖も精製してミネラルがなくなっている？

私たちの社会は、安さやおいしさ、見た目ばかりを求めて、将来の健康への影響に無頓着過ぎるのではないかと思います。ナトリウムと塩素以外のミネラルを含まない精製塩が市場をほぼ独占し、ミネラルなど栄養素を剥ぎ取った精白米を喜んで食べていることを考えると、あまりに近視眼的だと感じます。私たちはもっと、未来の健康に及ぼす影響について真剣に考えるべきで、誤りに気づいた時点で正していく必要があります。将来の健康を考えて、もっとミネラル豊富な海水から作られた自然塩や玄米食に回帰すべきだと私は考えています。

このように考えていて、精製塩や精白米のほかにも、ミネラルをわざわざ削っている食材があるのではないかと気になりました。調べてみると、砂糖や小麦も当てはまるようです。『長生きできて、料理もおいしい！　すごい塩』（白澤卓二著　あさ出版）では、医師である著者が「自然界にはまるで漂白したかのような真っ白いものは存在しにくい。不自然に白いものは体に悪い」として塩と砂糖、米、小麦を挙げています。

白砂糖は、サトウキビやテンサイから糖分を取り出し、結晶化してできた原料糖を精製して作ります。この精製の過程で、ミネラルなどの栄養素も多く失われてしまいます。「白い砂糖の真実、そして三温糖との関係」というタイトルの独立行政法人・農畜産業振興機構のウェブサイトには、「白い砂糖より三温糖の方が健康に良い」という根強い誤解があるとして、次のように書いていました。ただ、三温糖も精製糖の一種なので、この点に注意し、精製糖に含まれるミネラルの少なさに着目して読む必要があります。

「砂糖に含まれるミネラルという点から考えてみると、ミネラル分に当たる灰分の含有量は、グラニュー糖や上白糖が約０・０１％（ほとんどゼロに近いといってよいでしょう）

であるのに対し、三温糖は約0・25％ですので、三温糖がグラニュー糖などに比べミネラルを多く含んでいるのは事実です。しかし、100g中に0・25gという量を大さじ1杯（9g）中の量に直すとわずか0・02gにすぎません。牛乳1本（200㎖）中に含まれるカルシウムが約200㎎（0・2g）であることを考えると、砂糖にミネラルの摂取源としての役割を期待するよりは、野菜、果物、海藻などミネラル豊富な食品を十分摂取する方が効率的だといえます」

確かに、精製糖同士で比べてもダメです。では、精製されていない砂糖の代表格である黒砂糖について見てみます。文部科学省がウェブ上で提供している食品成分データベースによると、黒砂糖100グラムにはミネラル分に当たる灰分が3・6グラム含まれています。含有率は3・9％です。ミネラルの内訳は、食塩相当量0・1グラム、カリウム1100ミリグラム、カルシウム240ミリグラム、マグネシウム31ミリグラム、リン31ミリグラム、鉄4・7ミリグラムなどとなっていて、上白糖や三温糖より豊富に含まれていることが分かります。

さらに、『長生きできて、料理もおいしい！　すごい塩』の著者の白澤卓二氏は、糖分の影響で血糖値の急激な上昇と下降が繰り返されると、イライラして怒りっぽくなったり攻撃的になったりすると指摘し、うつ病の発生率が高まるという海外の研究結果も紹介しています。

小麦粉も、表皮や胚芽が除かれています。小麦をまるごと粉にした全粒粉はやはり、ミネラルやビタミン類、タンパク質、食物繊維などの栄養素が一般の小麦粉よりも多く含まれています。玄米と精白米の関係に似ています。

安価な塩を選択してミネラル不足に陥ってしまった日本

現代の日本で意識せずに暮らしていると、ミネラルは不足しがちになってしまいます。日本で流通する塩の大半が塩化ナトリウム99・5％以上の精製塩ということも、大きな要因です。

食用の塩が使われるのは、台所や食卓だけではありません。市販のみそやしょうゆもミネラルをほとんど含まない塩が使われるようになったため、みそ汁などあらゆる食べ物からミネラルは減りました。一般の小売店で購入する漬物や総菜、ハム、練り製品、即席麺などの加工食品、そして外食で口にする食事などあらゆるものがミネラルをほとんど含まない塩で作られているのです。

イオン交換膜製塩法は安価で簡単に塩を作れるため、食品加工業界やしょうゆ・みその醸造業界なども喜んで採用し、そんな食品を購入する私たちの家計も楽になったのだと思います。ただ、そうやって安い塩の恩恵にあずかっても、それが私たちの健康や生命に大きな影響を与えているならば、本末転倒です。私たちは、安さと引き換えに大切なものを失ってしまいました。日本がイオン交換膜製塩法を選択したこと、そしてそれ以外の製塩法を否定したことについて、なぜそんな取り返しの付かないことをしたのかと、私は声を大にして言いたいのです。

ミネラルは人類の歴史上、必要不可欠な存在

生命は海から生まれました。海水に溶け込んだ成分を利用して生物の体は作られ、また海水の成分を使って子孫を残すということを繰り返してきました。体を作り上げるために、そこにある素材を利用していたのです。海の中にいれば、体に必要なミネラルが不足

するということはありませんでした。

ところが、一部の生物は陸上に出る道を選びました。しかし、30億年にわたって築いた「体を作る方法」は簡単には変えられません。その名残は羊水や血漿の成分が海水に似ているという事実に見て取れます。

こうして生命活動に必要なミネラルは、もはや体の周りから簡単に得られる物質ではなくなりました。このため、食物連鎖のなかで循環するミネラルを得たり、海水の成分が凝縮された塩を摂取したりするようになったのです。サプリメントや精製塩は例外として、ミネラルは本来、単独で得られるものではありません。食物から、さまざまな栄養素と一緒に摂取しています。

ミネラルを豊富に含んだ海水から作られた自然塩と、塩化ナトリウム99・5%以上の精製塩の違いに私が気づいたことが、塩について調べるきっかけでした。調べれば調べるほど、なぜ日本は自然塩を手放し、精製塩に移ってしまったのかと残念に思います。海水は、生命が必要とするミネラルを十分に含むのに、なぜわざわざミネラルを除いて精製してしまうのかと疑問が膨らみます。

［第3章］

健康で長生きできるかどうかは塩次第
〝いつもの塩〟はミネラル豊富な
海水から作られた塩を選択する

今も影響する過去の塩政策

命や健康に関わる塩は、人間にとって非常に重要です。このため、各時代の政府は塩の価格や流通をコントロールしようとしてきました。なぜ、日本は自然塩を手放し、精製塩を選んだのかを考えるに当たっては、専売制度の歴史を知る必要があります。日本専売公社（現・ＪＴ）の塩事業の流れを汲む公益財団法人塩事業センターのウェブサイトなどを見てみると、塩に関する過去の政策が、現在も私たち国民の生活に影響を及ぼしていることが分かります。

海外では、地殻変動で海水が陸地に閉じ込められてできた塩の湖から取れる「湖塩」や、さらに地中で岩のように硬くなった「岩塩」などから塩が得られますが、日本では岩塩が取れる場所がありません。このため、日本は古くから塩作りの原料を海水に頼ってきました。海水を汲んできて天日である程度の水分を蒸発させ、濃くなった海水を大釜で煮詰めるという素朴な方法です。海水に含まれる成分がそのまま塩として残り、その中のにがり成分が空気中の水分を吸ってしまい湿り気を帯びてベトベトしていました。このため、岩塩を主とする欧米の塩と比べて品質が劣るという扱いを受けています。ただ、海のミネラルは豊富に含んでいました。

江戸時代には瀬戸内に入浜式塩田が発達し、全国の約8割の塩を生産したといわれます。塩田で塩を作っていたときに使われた言葉に「差し塩」があります。塩化ナトリウムの純度が低い塩のことです。これに対し、純度の高い塩を真塩《ましお》と呼んでいました。塩製造の歩留まりを上げるために、真塩を取ったあとに残るにがり成分を多く含む液をかん水に混ぜて結晶化させたものが差し塩です。塩化ナトリウムの純度は、真塩が90％程度だったのに対し、差し塩は60～70％程度でした。

明治になり、海外の低価格な塩が流入してくると、国内塩業の育成と保護、製塩技術の改良や低価格化が急がれました。

92年続くことになる専売制度

日露戦争が1904（明治37）年に開戦し、膨大な戦費の調達に苦慮した明治政府は、1905（明治38）年、国内塩業の基盤整備と財政収入の確保のため、塩の専売制度を実施します。92年続く塩の専売制度はスタート当初は、収益主義的な制度だったのです。

専売制度の実施後も、塩の価格は安定せず、ほかの物価への影響も小さくありませんでした。このため政府は、塩の価格を引き下げ、消費者の便益を図ることを目的として、塩の元売り人、小売人を指定するとともに、官費による塩の輸送を行って塩の価格の安定に努めました。さらに、生産を安定化する目的で1910（明治43）年、生産性の低い塩田を廃止する塩業整備に関する法律が施行されました。こうして、約1万3400人の製造者と約1800ヘクタールの塩田が整備されました。第1次塩業整備です。目的のとおり、塩の価格も下がりました。ただ、このときの整備で、温泉熱利用などの特殊な製塩方法はほとんど廃止されました。

1919（大正8）年に、塩の専売制度は大きく転換します。当時、国内塩業の保護・育成やソーダ工業などの発展のため保障や免税の必要も生じ、当初は1000万円を見込んでいた塩の専売益金は、大正中期には約200万円に減少していました。

さまざまな議論の結果、国内製塩業のさらなる育成を図る一方、生命の糧である塩の価格をできるだけ低くし、安定して国民に供給することを主眼とする制度に改革することになったのです。塩の専売制度は、収益制度を捨てて「公益専売」として再出発しました。

このあと、政府（専売局）は製塩業改善の主導権を握り、全国の主要産地に技師を派遣して塩の増収や品質改善、生産費削減などの製塩指導を実施しました。

1920年代中頃には、塩田の塩分を濾し取る装置の改良や、海水を煮詰めて塩の結晶を作る装置の大規模化に奨励金を交付する制度も設けられました。蒸気を利用した装置も普及し、江戸時代から続いた平釜から工場生産化に向かう大きな飛躍も見られ、国内塩の生産量が増加に転じました。

1941（昭和16）年に太平洋戦争が始まると、塩の生産が激減し、輸入も困難になります。塩は割当配給制になり、非常手段として自家用の塩の製塩も認められました。

戦後の1949（昭和24）年、大蔵省専売局の事業を引き継ぎ、日本専売公社が設立されます。食料用塩の国内自給を目標に、生産技術の改良や法的整備が進められました。

1950（昭和25）年頃からは、塩の結晶を作る工程で立釜の導入が本格化しました。立釜は熱の利用率を高めるために、密閉した釜の中を真空にした蒸発装置のことです。低い温度で水が蒸発し、効率良く塩を煮詰めることができます。

さらに、海水を濃縮して濃い塩水を得る工程でも、入浜式塩田から流下式塩田への転換が実施されました。流下式塩田は過酷で熟練を要する塩田労働から脱却し、10分の1の労力で2~3倍の生産量が得られる画期的な技術革新です。また、塩田を使わずに海水を直接煮詰める「加圧式海水直煮製塩」も軌道に乗り、国内塩の生産量は飛躍的に増加しました。1953（昭和28）年には塩の消費者価格も統一されています。

その一方で、製塩技術の飛躍的な進歩が塩の過剰生産を招き、1959（昭和34）年から1960（昭和35）年にかけて塩業整備臨時措置法に基づく第3次塩業整備が行われ、約2000ヘクタールの塩田が姿を消してしまいました。

日本の塩を変えたイオン交換膜製塩法

塩の輸入が増大するなか、コストの高い国内製塩は見直しを迫られ、輸入塩の価格に対抗できる国内製塩業の再編が急務とされました。こうした状況のなか、塩のとらえ方を根底から覆すことになる大きな出来事が起こります。開発が進められていたイオン交換膜製塩法の技術が実用可能になり、日本の塩の製造販売を一手に引き受けていた日本専売公社が、

１９６０（昭和35）年から「イオン交換膜製塩法」の導入を始めたのです。しばらくは流下式塩田で作った濃い塩水を密閉式の立釜で煮詰めて作った「自然塩」と、イオン交換膜で作った濃い塩水を立釜で煮詰めて作った「精製塩」の両方が売られていました。

イオン交換膜製塩法は、塩が水中でプラスの電気をもったナトリウムイオンと、マイナスの電気をもった塩化物イオンに分かれていることを利用します。海水を原料とする点は従来と同じですが、電気の力を利用して化学的に塩化ナトリウムを精製する方法です。

従来の塩田を利用する自然塩は手間と費用がかかる一方、精製塩は真っ白でサラサラし、非常に安価で、１９６２（昭和37）年頃から食品加工業界で盛んに使われるようになりました。

その後、１９７１（昭和46）年に第４次塩業整備事業が実施されました。これは、すべての塩をイオン交換膜製塩法で作るというものです。この大変革によって、日本に残っていた２２００ヘクタールの塩田のすべてが姿を消し、製塩工程全体が工場内の装置で行われるようになったのです。塩作りは第４次塩業整備により製塩業者7社に限られました。

国会でも「塩を選ぶ権利の剥奪」と疑問の声

第４次塩業整備事業のさなかの１９７２（昭和47）年、ある議員が国会で「従来の塩田による塩を欲する人には、その塩を供給できる体制にすべきではないか」と質問しました。このとき、議員は当時の状況や自身の意見をこう述べています。

「イオン交換膜による製塩法に移ることにより、トンあたり一万二千五百円であった収納価格を七千円程度まで下げようとするものである。塩の価格が、このように政府によって下げられるため、従来の塩田業者は採算があわないため廃業せざるをえず、一方政府としては廃業する業者に『塩業整理交付金』を支給して廃業を円滑に行わせようとしている」

「イオン交換膜法による製塩法への全面的移行に反対する動きがあったにもかかわらず、政府は、これらの意見を無視し、動物実験も行うことなくイオン交換膜による製塩法への移行を強行していることはまことにいかんである」

「イオン交換膜法による塩を選ぶか、塩田式製塩による塩を選ぶかの選択は国民一人一人の判断にまかせられるべきである。しかるに、政府の施策はこの選択の自由を国民から奪い、欲しない人達にまでイオン交換膜による塩を押しつけようとしていることは民主主義に反するものである」

私は、特に最後の意見に最も同意しています。塩を選ぶ自由は、このときの決定で奪われてしまいました。

そして、こうした議員の意見や質問に対し、政府は次のように答弁しました。

「塩田製塩方式による塩の製造者は『塩業の整備及び近代化の促進に関する臨時措置法』塩業整理交付金の交付を受けるための申請期限である昭和四十六年十二月末日までにすべて製造廃止の申請をし、本年一月末日までに塩の製造を廃止している。したがって、現時点において従来の塩田製塩方式による塩が製造されるためには、日本専売公社が新たに塩田製塩方式による塩の製造許可を行わなければならないが、このことは臨時措置法の制定をみた今日、きわめて困難と言わなければならない」

「国内における塩の製造方法が塩田製塩方式からイオン交換膜製塩方式に全面的に転換されるべきことは、臨時措置法自体が『新技術による塩の製造方法への転換を基本にその近代化を促進する』ことを明記していることからも明らかである」

「塩田製塩方式による塩の供給については、現在、公社が輸入している塩はすべてこの方式によるものであるが、この輸入原塩をそのままの状態で、または粉砕した粉砕塩として供給している。また、この輸入原塩を特殊な用途に充てられる塩に再製のうえ販売する途も開かれている」

質問と答弁が噛み合っていません。当時の塩田業者からすれば、政府の政策の影響で事業が成り立たなくなるから製造廃止を決めたのに、政府のこの答弁では、国民から塩を選択する自由を奪ったのは自分たちのせいだと言われているように感じたのではないかと私は思います。事実上、政府が塩田製塩方式をなくしたのに、「法律もできたので、制度上、従来の塩田製塩方式による塩の製造は極めて困難」というのは、あまりに当事者意識が低いと言わざるを得ません。

いずれにせよ、私たち国民の健康に関わる重大な出来事が、このときに起きたのです。

このあと、塩業界は石油危機などの困難を乗り越えながら、効率化と品質向上への努力を続けます。

そして、行政改革・規制緩和の流れのなか、塩事業のあり方が議論され、1997（平成9）年4月に92年続いた塩の専売制度が廃止されました。この間、塩事業は1985（昭和60）年にJTに引き継がれ、1996（平成8）年から「財団法人塩事業センター」（現・公益財団法人塩事業センター）に移りました。

塩の違いに気づかず

日本から塩田が消え、イオン交換膜製塩法へ完全転換した1972（昭和47）年当時、私は31歳でした。しかし、塩の変化にはまったく気づかず、そのため疑問に思うこともなく、塩を使っていました。世間で騒ぎになったのかどうかも覚えていません。

しかし、この変化は私たち国民の健康に非常に重要でした。それまでは、塩を通じて自然にミネラルを摂取していたのに、国民の知らぬ間にミネラルをほとんど含まない塩に変えられていたのです。塩はまったくの別物になっていました。

イオン交換膜製塩法で塩化ナトリウムの含有量を99・5％以上にした塩は精製塩と呼ばれ、食卓塩や食塩として売られました。本来は工業用に製造された、サラサラとした白い塩化ナトリウムです。これは単なる製造法の変更ではなく、私たち日本人にとって、「塩」

の常識を変えた出来事だったのです。

日本塩工業会の塩の分類

日本塩工業会のウェブサイトによると、日本で海水から作られている塩を大別すると、精選特級塩、特級塩、食塩、並塩、白塩の5種類があります。この5つのほか、主に家庭用小物として販売される特殊な製法の特殊製法塩、加工塩などもあります。

●**精選特級塩**　塩化ナトリウム99・7％以上
精選特級塩と特級塩はサラサラで純粋な塩。にがり分を嫌う用途に適します。

●**特級塩**　塩化ナトリウム99・5％以上

●**食塩**　塩化ナトリウム99％以上の乾燥塩
最も一般的な塩です。製造直後は99・5％程度の純度ですが、にがり成分が空気中の水分を吸って通常は0・2％程度の水分が含まれます。

●**並塩**　塩化ナトリウム95％以上、水分約1・4％の非乾燥塩湿った塩としては最も汎用《はんよう》性が高く、乾燥塩より安価です。

●**白塩**　塩化ナトリウム95％以上、水分はやや少なめ

このように、塩は現在でも塩化ナトリウムの純度を基準に分類しています。ミネラルが少ないものを「特級」と名付け、塩化ナトリウムの純度が低いものを「並」としています。塩イコール塩化ナトリウムであり、そのほかの成分は一律に「混ざり物」という感覚から抜け出せないのだと私は思います。

真島真平医学博士の著書に学んだこと

私は塩について、真島真平医学博士の著書の『現代病は塩が原因だった！』（泉書房）などから多くを学びました。それまでも塩について学んではいたのですが、真島先生の著書に出会って自分の考えていることは的外れではなかったと自信をもつことができたのです。

残念なことに、真島先生はすでに亡くなっておられます。塩について調べているときに同書の存在を知り、そこからたくさんのことを学びました。真島先生が亡くなってしまっ

たことを知ったのは、私がもっと塩のことを教えてもらいたいと考え、真島先生本人の連絡先を調べて2021（令和3）年に電話をしたときのことです。電話を受けてくれた真島夫人に対して、私は著書を再度編集し出版しようと提案したところ、真島先生の思いを活かすためにもと快諾していただきましたが、今のところ実現には至っていません。

著書によれば真島先生は1924（大正13）年、長崎県で生まれました。私の17歳年上に当たります。長崎医科大学を卒業し、医師としての道を歩み始めたのが1953（昭和28）年のことでした。日本社会が高度経済成長期を迎えようとしていた頃です。その後、長崎県内で開業しました。

1970（昭和45）年頃、往診の帰りによく浜辺に腰を下ろしては、海を眺めて考えごとをしていたそうです。関心が向かったのは、周辺で起こる数々の「異常」。その1年ほど前から、来院する患者の病気が顕著な変化を見せるようになっていたのです。それは、結核、赤痢からがん、糖尿病、高血圧への変化でした。さらに、この頃を境に、花粉症やアトピー性皮膚炎、喘息などアレルギー性の病気や、うつ病、拒食症、子どもの情緒不安定など心の病を訴える人も増え始めました。現場の医師として、何が原因なのかを探りました。

その結果、毎日摂取するものの変化が病気の変化につながったのではないかと考え、最終的に塩に行き着いたのです。

当時は、1960（昭和35）年からイオン交換膜製塩法が導入され、白くサラサラな塩が安価に広く出回っていた時期です。塩の生産と販売は日本専売公社によって独占されていましたから、国民は勝手に塩を作ることが許されず、全国でイオン交換膜製塩法による塩しか使えなくなっていました。食卓の塩だけではありません。しょうゆやみそなどの塩味をもたらす材料として、この化学的に作られた塩が使われるようになったのです。

真島先生は子どもの頃、しっとり湿った塩からにがりの水滴がポタポタと垂れる様子が強く印象に残っていました。このため、白くサラサラになるという塩の大きな変化が現代病のまん延に深く関わっているのではないかと考えました。白くサラサラな塩が全国の家庭に普及するとともに、それまで見られなかった病気が増えたため、消去法で考えたのです。

真島先生の推測には脱帽しました。天然の海水に含まれる塩の成分とサラサラの白い塩の成分を比較し、白い塩から失われた成分（にがり）を海水から抽出して効果的に体に補ってやればどうなるか、研究を始めたのです。

研究を思い立ったのは１９６０年代後半だったそうです。にがりは、海水を濃縮して塩を結晶化させたあとに残る苦い液体です。「塩は、それまで私が考えていた何十倍も生命に関わる重要物質であり、にがり成分が不足した場合のさまざまな症状を文献から学んだのです」と振り返っています。そして、サラサラした日本専売公社製の塩にはにがり成分がまったく欠落しているという衝撃的事実を知り、にがりの濃縮液を作ろうと決意します。

数年にわたってにがりの研究に没頭した結果、１９７７（昭和52）年に高濃度のにがりを抽出することに成功し、海水を１０００倍に濃縮したにがりを「マジマエキス」と名付けました。真島先生自身と賛同者がマジマエキスを飲用し、有効性を確かめます。

真島先生は当時、大酒飲みで血圧が高く、最大血圧が２２０㎜Hg、最小血圧が１２０㎜Hgありました。当時の血圧の正常値は１４０～90㎜Hgとされていました。マジマエキスを朝晩コップの水に落として飲んでみたところ、あっという間に最大血圧が１２０㎜Hg、最小血圧が70㎜Hgになったといいます。

このほか、著書ではアルコール依存症やがん、高血圧、おねしょ、喘息、花粉症、アトピー性皮膚炎、糖尿病、脳梗塞、狭心症、白内障、近視、うつ病、過食症、拒食症……などさまざまな症状に悩まされていた賛同者の体験談や「救われた」という感謝の声がたくさん紹介されています。身体的な面だけでなく、精神的な面でもにがり成分は大切な役割を果たしていたことが分かります。真島先生は「現代病治療に頭を痛めてきた一内科医にとって『夢』を実現したに等しいことと受け止めています」と著書に記しています。

こうして真島先生は、私たちが当たり前だと考えている塩には大きな欠陥があり、病気を積極的に呼び込んでいる可能性があること、そしてにがり成分を病人に供給することで多くの病気が改善されたり治癒に至ったりするということを結論として導き出しました。「にがり欠落による体内の各種不都合は本来あるべき状態に戻るはずだ」という真島先生の発想は正しかったのです。

にがりが体全体を活性化させる

真島先生は、アトピー性皮膚炎などの現代病ににがり成分がどのような仕組みで効くと考えたのかについては、以下のように述べています。

「体はすべての臓器や組織、細胞などと精神が相互に関わり合って、全体が一つのシステムとして働いているわけで、その基本を支えている物質がニガリなのです。体全体が活性化すれば、健康を守る免疫機能が正常に働き出します。外部から進入した異物（ウイルスや細菌、化学物質など）を排除したり、体内に巣くったガンを、活性化された免疫細胞や、つくられた抗体が攻撃して消滅させることにもなります。（中略）現代の難病といわれる糖尿病、全身性エリテマトーデス、慢性関節リウマチなどの自己免疫病なども、体内生理の正常化によって治ってしまうことになります。花粉症やアトピーも人間側の異常な免疫反応ですから、体内生理が正常化すればこうした症状は起きなくなります」（『現代病は塩が原因だった！』真島真平著　泉書房）。

真島先生は、海水に含まれている天然の成分は生命を育んだ源泉なのだから、成分一つひとつがどうなっているかといった理屈より、トータルで考えて海のすべての成分をあるがままに、適切な量を毎日摂ればいいという考え方でした。自分自身や賛同者の体験に裏打ちされているだけに、非常に説得力を感じました。

高齢社会への貢献が第一目標

真島先生が塩に対して問題意識をもち、活動していた頃はまだ、塩の生産を日本専売公社が独占していました。このため、真島先生は精製塩には含まれない成分を凝縮した「マジマエキス」を作るしかなかったのです。それから月日が過ぎ、現在では自然塩の生産が可能になりました。この今の状況では、ミネラルを豊富に含んだ海水の成分そのままに塩を利用するのが自然です。

私は今、ミネラルがたっぷりと含まれた海水で作った塩の製造・販売に携わっていますが、以前から社会にとって意味をもつ存在になりたいと考えてきました。そこで、3、4年の構想期間を経て、1998（平成10）年に社会福祉法人を設立し、特別養護老人ホームの運営を始めました。それが高齢社会に対して私が貢献できることだと考えたからです。

事業を続けるなかで、たくさんのお年寄りのさまざまな姿を見るうちに、いかに健康が大事かと強く思うようになっていったのです。

開設当初、私の運営する特別養護老人ホームにある高齢の男性が入居されていました。

その男性は90歳を超えており、背筋を伸ばして歩き、昼間はまったく言葉を発しません。当時は事業を始めたばかりで私自身が何もかもやらなくてはならず、夜間の見回り警備もしていました。そんなある日、夜中の1時なのに1階に併設していたデイサービスセンターからピアノの音が聞こえてきました。どうしたのだろうと様子をうかがうと、その高齢の男性がすばらしい音色でピアノを奏でているのです。今でも、そのときの感動を鮮明に覚えています。何一つしゃべらなかったその男性は高齢のため老人ホームに入所されていましたが、すばらしいピアノの技術はしっかりと残っていました。

もう一人印象に残っている男性がいます。あるとき、部屋から出て椅子に座り、正面を向いたままだったので、どこか調子が悪いのですかと聞くと、友人に出す手紙の内容を考えているのだとおっしゃいます。毎年、その男性の誕生日になると、教え子と見られる人たちが大勢集まって来られていました。その男性が生きている、元気でいるだけで、教え子に対する存在感は非常に大きかったのです。私は彼がもっと元気だったら、知識を活かして活躍できるのにと考え込んでしまいました。

施設内のお知らせ版に詩を寄せてくれる方もいました。頭はさえているのに、足腰が弱くなってなかなか活動ができないのです。私にこの詩をお知らせ版に出してもいいかと聞いてくれたことが印象に残っています。

一生懸命に生きてきた人でも年齢を重ね、やがて病に倒れたり足腰が弱くなったりして、老人ホームでそのような人たちの姿を毎日見ていて、老人ホームに来てからでも、なんとか元気になってもらえないかという思いがどんどん強くなっていきました。自分の人生でできることはなんだろうと、一生懸命考えました。

どの人も長い経験を積んでいて、人に教えること、人に伝えることはたくさん残っているはずです。しかし、元気でないと活躍できません。社会で活動する、社会に貢献するのも健康だからこそ、達成できることなのです。

命よりも重い健康

私は、健康は命より大切なものだと考えています。命あってこその健康だろうと思うかもしれませんが、そうとは限りません。たとえ命があっても健康でなければ生命のエネルギー、つまり元気は湧いてきません。元気とは本来、「『気』というエネルギーがもともとあるべき状態」ということです。昔は「減気」と表記され、病気の勢いが衰えて快方に向かうことを表したという話もあります。心身の活動の源となる力である元気がないまま生きることは、やりたいこともできず働くことによって誰かにとっての価値を生み出すこともできず、死よりもつらいことです。だからこそ「健康は富に勝る」という言葉があるように、命あってこその健康ではなく、健康あってこその命に意味があるのです。

Appleの共同創業者の一人であり、同社のCEO（最高経営責任者）を務めてその生涯で巨万の富を得たスティーブ・ジョブズは、どんなに富を築いても健康を失っては何の意味もないという趣旨の言葉を残しています。彼は48歳のときにすい臓がんが見つかり、のちに肝臓に転移して56歳で亡くなりました。その間、さまざまな治療を試みながら命を絞りつくすかのように精力的に活動を続け、有名なスタンフォード大学卒業式でのスピーチやiPhoneの新製品展開を行っていますが、常に健康不安に付きまとわれる日々を過ごし、大企業の代表者ゆえ表に出せなかった面があるとしても、相当に苦しい思いをしていたはずです。

彼の最後のメッセージとされている言葉のなかで、ジョブズは「世界中で最も犠牲を払うことになる『ベット（賭け）』は何か分かりますか？　シックベッド（病床）です」と語っています。これはまさしくそのとおりで、そして、どんなにお金があっても自分の代わりに病気になってくれる人はいない、どの病人も「健康な生活を送る本」だけを読み終えていないことに手術の前になって気づくのだと続け、健康への想いを切々と語っているのです。

コンピューターを生活に身近なものにした先駆者であり、技術者としてもビジネスパーソンとしても世界中から多くの尊敬を集める偉大な人物の早過ぎる死は、私たちに強烈な衝撃を与えました。まさに、健康は何物にも、命にも代えられないということなのです。

健康寿命を延ばしたい

健康寿命という言葉があります。人生で、健康上の理由で行動を制限されることなく日常生活を送れる期間のことです。介護を必要としない期間とも言い換えられます。2022年版「高齢社会白書」（内閣府）によると、2019（平成31）年時点の健康寿命は男性が72・68歳、女性が75・38歳でした。この年の平均寿命は男性が81・41歳、女性が87・45歳でしたから、平均寿命と健康寿命との差は男性8・73年、女性12・07年です。私たちは健康寿命を過ぎたあと、10年ほどの介護期間を経験しなければならないことになります。いくら長寿社会になっても、健康寿命が延びなければ本人や家族がつらい思いをする期間が長くなるだけです。

一生懸命生きてきた人たちが、人生の最終章で不自由な状態になってしまうのをなんとかして避けられないか、健康寿命をもっと延ばせないだろうか、そんな思いが募りました。さらに、初代厚生労働大臣である坂口 力氏の言う「労働寿命」も延ばせたら社会で働ける期間が延びるので、社会に対する大きな貢献になります。

私に何ができるだろうかと考えた結果、和歌山県・白浜に温泉が利用できる老人ホームを建てました。すると、元気になったからと施設を出る人が続出したのです。何かこちらの対応がまずかったのだろうかと施設長は頭を抱えていましたが、そのたびに私は、お年寄りが元気になって施設を出て行かれるのはすばらしいことだと励ましたものです。

次に、サプリメント事業を始めました。温泉付き老人ホームは、入居した一部のお年寄りが元気になってくれましたが、さらに大勢の人たちに健康になってもらいたいと考えたのです。そこで着目したのが、３０００年の歴史をもつ冬虫夏草です。冬虫夏草という菌類は、昆虫の幼虫などに寄生し、その体から発芽して成長します。漢方の本場中国では古くから、乾燥したものが生薬として使われてきました。

私は、冬虫夏草の人工培養に成功した友人の学術博士とともに、全国を飛び回りました。冬虫夏草が寄生する蚕を育てるために必要な、桑の葉を探すためです。そうして訪れた先の一つに、沖縄県の石垣島がありました。

石垣島は沖縄本島の南西約４１０キロに位置し、青い空と美しい海、世界最大級のサンゴ礁という自然に恵まれた薬草の宝庫です。私はそこで、冬虫夏草と「モリンガ」という栄養素を豊富に含み、健康に寄与すると注目されている北インド原産の植物をサプリメント事業に活用する話を進めていました。そうした矢先に出会ったのが石垣島の塩だったのです。

石垣島の塩との出会い

2011（平成23）年、冬虫夏草の栽培をする候補地として、石垣島の工場を紹介されました。その工場では小規模ながら塩を生産していましたが、その敷地の一部で蚕の養殖ができないか、という話をもらったのです。

塩が目的ではありませんでしたが、工場の持ち主が、この塩を食べてみてと塩を差し出してくれました。なめてみると、不思議なことに甘味を感じます。なぜ甘さがあるのかと聞くと、この甘さがミネラルで、普段精製塩しか食べていなくてミネラルが不足している人は甘いと感じると笑顔で説明してくれました。

この塩の基となった海水の成分分析の結果を見ると、さまざまなミネラルが豊富に含まれています。この塩の基となる陸地珊瑚礁浸透古代海水について琉球大学の伊藤彰英教授が調べた記録を見せてもらった際、次のようなコメントがありました。

「陸地珊瑚礁浸透古代海水中微量元素の中で特徴的であった鉄、コバルト、ニッケル、マンガン、アルミニウムのうちで、鉄、コバルト、マンガンはヒトを含めたすべての生物で生体必須性があることが知られている。また、ニッケルについてはニワトリやラットで必須性が確認されているが、ヒトでは未確認である。しかし、恐らくヒトにも必須性があると考えられている。

ヒトではマンガンは欠乏することが少ないため、特に過剰に摂取する必要はないが、鉄やコバルトは欠乏することがあり、重要な必須ミネラルである。良く知られているように、鉄の不足は貧血の原因となる。また、溶存性の鉄は海洋ではリン酸塩、硫酸塩、ケイ酸塩に次ぐ第4の栄養塩とされ、海洋の一次生産、すなわち植物プランクトンの発生の制限因子となることが認識されている。海洋の一次生産は海洋生態系の根本であり、すべての海洋生物の生育に鉄が重要な役割を果たしているといえる。

また、コバルトは鉄とともに貧血に関係し、ビタミンB12の中心金属として重要であり、鉄を摂取しても少量のコバルトも同時に摂取されなければ貧血は改善されない」

このようなミネラル豊富な海水から作られた塩を摂ることで、健康に大いなる影響を及ぼすことを知った私は、この塩に出会ったことをきっかけに、健康に対する価値観が大きく変わりました。

工場の従業員から聞いたエピソードに、子牛の話があります。石垣島には牧場がたくさんあるのですが、生まれたあとに立ち上がれなかった子牛が、この塩の源水と真水を交互に飲んで体調が良くなり、体格のいい牛になったそうです。まさに魔法の塩です。

ついに販売を始めた幻の塩

私は石垣島の陸地珊瑚礁浸透古代海水から作られた塩に魅せられ、大阪まで送ってもらえないか頼みました。ところが、生産量が少なく、販売は地域内に限られていたのです。今まで卸した店に在庫が残っていないか探してくれたものの、あまり手に入りません。そうするうちに、工場の持ち主が工場を手放すという話がありました。持ち主はほかにも事業などを手掛けていて、塩工場に手が回らないとのことです。

東京や大阪、沖縄本島などから引き合いがあったそうですが、なかなか決まりませんでした。私は塩が手に入らないことをもどかしく思い、工場の持ち主に、この塩をみんなに広めていきたいと訴えました。

紆余曲折を経て最終的に、私が工場を購入して塩の製造を引き継ぎました。私が塩を欲しがる思いが、とても強く相手に伝わっていたはずです。私のほうも塩の良さが本当に分かってきて、生きているうちにやらなくてはならない仕事だという思いが募っていました。

そうして工場の改装と塩の生産に取り掛かりました。私の目的は、第一にミネラルがたっぷり含まれた海水から作られた塩をたくさんの人に使ってもらい、塩を買ってもらっ

た人に健康に生きてもらうことです。そのため、販売には一層、力を入れて取り組みました。まず、石垣市からはふるさと納税の返礼品として扱ってもらえるようになりました。また、幅広く消費者に届けるには、商品コストの問題もあり、現在、製造方法について専門家も交えてさまざまな研究を続けているところです。

塩は「星塩《ほししお》」と命名しました。石垣島は、日本でも数少ない「南十字星」が見られる場所です。空いっぱいにたくさんの星が輝いていて、本当にすばらしい光景です。その満天の星空の下で作られた塩は、大粒でキラキラしています。この2つのイメージが結びついたのです。最初に「星塩」の名をひらめいたのは私ではなかったのですが、この名前を聞いたらほかの名前にしようとは考えられませんでした。

私がこの塩を製造・販売することになっ

てその経緯をある人に話したところ塩があなたを選んだと言われて、とても感激したことを覚えています。そういう塩だからこそ、多くの人に知ってもらい、食してほしいと願いつつ、日々製造に励んでいます。

きれいな海水から作るため安心して使用できる

私は、石垣島の地下からくみ上げた海水を原材料として塩を製造しています。石垣島は数万年かけてできたサンゴ礁の島です。太古にサンゴ礁に囲まれていた海水は、地殻変動によってそのまま地下深くのポーラス構造となっているサンゴの中に閉じ込められました。その閉じ込められている海水を満月の日と新月の日にくみ上げ、工場内で天日を使って水分を蒸発させて結晶化しています。なぜ満月の日と新月の日にくみ上げるのかというと、満月と新月の日には、引力が強くなり海面の高低差が最も大きくなる大潮の状態になります。大潮のときには海底のきれいな海洋深層水が海面に引き上げられるため、より新鮮な海水からの塩をくみ上げることができるのです。くみ上げ設備のある製塩工場は、世界有数のサンゴの群生地として有名な石垣島の白保地区に位置します。宝の海や、命継ぎの海といわれている場所です。

石垣島は青い空ときれいな海、そして白い砂浜やサンゴ礁といった自然に恵まれた本当に美しい島です。こうしたきれいな海の水、しかも島の地下のサンゴ礁の中で静かに眠っていた海水から私たちは塩を製造しているため安心して食べてもらえます。

塩を選ぶときは、パッケージを見よう

これまで精製塩ではなく自然塩がいいと伝えてきましたが、自然塩にもいろいろな種類があります。含まれるミネラルの種類も量もさまざまなので、塩を選ぶときはパッケージの栄養成分表示を見るのが重要です。

一般的には、１００グラムあたりの成分は、食塩相当量、マグネシウム、カリウム、カルシウムなどが栄養成分表に記載されています。

栄養成分表示で示す内容は食品表示基準などによって定められているため、比較はしやすくなっています。これらの取り決めによると、熱量、タンパク質、脂質、炭水化物、食塩相当量の順で記載され、その次に人体に必要な栄養成分として指定された成分（カルシ

ウム、マグネシウム、カリウム、鉄、銅、亜鉛、クロム、セレン、マンガン、ヨウ素、リン）のうち表示したい成分、次にそれ以外で表示したい成分を区分して記載します。

世界的に認められた塩

２０２２（令和４）年にとてもうれしいことがありました。世界中の食品の評価を行う国際機関である「国際味覚審査機構」の審査の結果、星塩が優秀味覚賞に選ばれたのです。日本の塩が同機構の賞を受けたのは初めてです。星塩は私たちがこだわりをもって作っているので、もちろん味にも自信がありましたが、客観的な国際的な審査機関が優秀味覚賞に値すると評価したのですから喜びは格別です。これによって、ミネラルたっぷりという栄養面だけでなく、味覚の面でもさらに自信をもつことができました。

国際味覚審査機構は、ベルギーの首都ブリュッセルに拠点を置き、専門家による食品・飲料品の評価および認定を行っています。２００５（平成17）年から、１００カ国以上の何千もの製品を評価しており、こうした活動は世界中の食品・飲料品メーカーの製品の品質向上に寄与しているといえます。

審査は、世界のさまざまなシェフ・ソムリエ協会に属する２００人以上の審査員が担当します。味の専門家集団である審査員は、各製品を第一印象、外観、香り、味、食感（飲料品の場合は後味）の５つの国際官能分析基準に基づいて評価します。

栄養面ばかりを気にして味覚を楽しむことをおろそかにしていたら、いくら健康にいいことでも長続きはしません。優秀味覚賞の受賞は、私たちの活動を後押ししてくれるうれしい出来事でした。

自分で納得した効き目

私自身も星塩を愛用しており、常に持ち歩いて外食のときに振り掛けるようにしています。その結果、健康診断の血液検査の数値が劇的に良くなりました。

私は約40年前から、血液中の中性脂肪の数値（ミリグラム／デシリットル）が異常に高く、苦しんできました。中性脂肪の数値が高いと動脈硬化が進行するとされていて、基準値は30～149、500以上で異常とされます。私の数値は桁が1つ違いました。

約40年前から、体調に異常は現れていました。そもそも、中性脂肪の異常値が分かったのは、車を運転している私を見て、妻が異変に気づいたからです。ブレーキを何回も踏み、壁にもぶつかりそうになりました。どうやら、視野が狭くなっていたようです。それで、大学病院でいろいろな検査をしてもらうと、中性脂肪に異常な値が出ました。医師がおかしいとつぶやき、測定ミスを疑ってもう1回測っても結果は同じでした。医師からはいつ血管が破れて倒れてもおかしくない、このままでは血管がボロボロになると言われ、治療のため太ももに皮下注射を始めました。しかし、皮下注射は皮と身を剥がすようなものなのですごく痛いのです。両足の太ももに交互に注射するということを何カ月か続けたものの、その痛みを抱えて仕事を続けられず結局は中断してしまいました。食事も甘いものはトマトでさえ禁止、麺類の汁は飲んではいけない、などと制限されましたが長続きしませんでした。近所のクリニックに通院して薬をもらっていたものの、薬の副作用なのか体が疲れて動きにくく、精神的にも厳しい日々が続きました。中性脂肪の数値が高いのは体質が原因かもしれないと耳にし、薬による治療も諦めていました。

そんな状況がずっと続いていたときに、石垣島でミネラルたっぷりの海水から作られた塩に出会いました。少しずつ摂っていると、２０２１（令和３）年の４月の時点で中性脂肪の数値が８５４に改善しました。塩工場が本格稼働して十分な量の塩が手に入るようになり、積極的に塩を摂るようにしていると、前回の検査から10カ月後の２０２２（令和４）年２月には１８８になったのです。これには本当に驚きました。

また、私の場合、塩をたくさん摂っても血圧が上がることはなく、むしろ下がりました。上の値がおよそ１６０だったのが、１２５前後になったのです。82歳の今、体調にまったく問題はありません。糖尿病の指標となる数値も正常の範囲内です。

自分の体験が基になっているので、私はこの塩に大きな自信をもっています。

40年前に中性脂肪の異常を診察してくれた大阪大学の医師は、急に頭が痛くなったり、心臓が苦しくなったりしたときには、精製塩ではなくにがりの摂れる塩を入れた水を飲むようにと指導してくれていました。しかし日本専売公社の塩しかなかった当時、私は塩についてはまったくの無知だったため、なぜにがりが必要なのか分かりませんでした。塩について学んだ今、にがりの大切さ、つまりミネラルの大切さについて知っていた医師はすごかったのだと思います。

80歳を過ぎてもバリバリ働く

私は80歳を過ぎた今もなお、最前線で働いています。ミネラルが豊富な海水から作られた塩を世の中に広めるために、やるべきことはまだまだたくさんあるのです。朝から晩まで商談や商品研究を行い、人と語らい、自分の塩の販売や宣伝について考えています。より多くの方に食べてもらえるよう健康に対する塩の役割を伝え、さらに販路を拡大するためにはこちらからアクションを起こさなければなりません。石垣島の塩工場にも毎月訪れています。塩の販売が今のすべてと言っても過言ではありません。

80歳を過ぎた現在は、友人・知人が病気などで1人減り、また1人減り、という状況です。がん、糖尿病、肝臓病、心筋梗塞、脳卒中など死因はさまざまです。この時代まで共通の話題がある同世代の友人たちと生きてきたのに、話す人が年々いなくなり、ものすごく寂しくて複雑な気持ちになります。

自然塩の誕生秘話

実は、国産の自然塩だと思い込んでいた塩が、原材料の表示に「輸入天日塩田塩、海水」と書いてあり、驚いた経験があります。塩にはイオン交換膜製塩法で作った精製塩と、自然の原材料から作った自然塩がありますが、メキシコやオーストラリアなど外国産の天日原塩を水や海水に溶かし、もう一度結晶化させた塩も日本では作られてきました。これらは再生塩や再生加工塩、再結晶塩などと呼ばれ、自然塩に準じる塩とされます。自然塩に含める考え方もあります。前述の塩は、輸入した天日塩田塩を海水に溶かし、釜で再び結晶化させているので、再生塩に当たります。

さらに調べると、再生塩である理由が分かりました。

1971（昭和46）年、日本からすべての塩田が消えようとしていました。イオン交換膜製塩法による精製塩に完全に切り替わろうとしていたときです。当時は塩の専売制度が続いていたため、自由に塩を作って販売することはできなかったのです。そのため世界でも食用にした前例がなく、安全性が確かめられていない塩を食べなければならないのは不安だと思った消費者が塩の危機を訴え、自然塩の復活を願って運動を起こし、その運動は全国に広がり、5万人分に達する署名が集まりました。

消費者運動の結果、塩田を残すことはできなかったものの、政府は自然塩の流通を認めざるを得ない状況になりました。こうして、塩田のあったある特定の地域で、生産上の制約という条件付きで塩を作っていいことになったのです。

生産上の制約とは、次のようなものでした。

- ●国がメキシコやオーストラリアから輸入していた「原塩（天日塩田塩）」を利用すること。海水から直接塩を作ってはいけない
- ●平釜（熱効率が悪い釜）を使うこと
- ●専売塩を誹謗してはならない
- ●袋のデザインや文言の変更も日本専売公社の確認を取ること

この条件をのみ、海外の塩田で生産された塩を日本専売公社経由で買い、地下水で溶かすことでミネラル分を添加し、それを再結晶させた再生塩を作ることにしました。塩田の塩を手本ににがりをほどよく残すよう試行錯誤し、かろうじて自然塩が残ったのです。

元の塩を取り戻そう～自分の身を守り、塩についての知識を社会に広めよう

前述の塩の誕生の経緯を知ったとき、日本もまだまだ捨てたものではないなと思いました。圧倒的に大きな流れのなかにあっても、理不尽に対して抵抗する人は必ずいます。

1997（平成9）年に専売制度は廃止され、5年間の経過措置期間が過ぎた2002（平成14）年4月に塩の製造・輸入・販売は完全自由化されました。塩を選択する自由を取り戻し、私たちは海水の成分をそのまま含む自然塩を手に入れられるようになりました。

一方、現在もまだ、流通する塩の大半は塩化ナトリウム99・5％以上の精製塩です。これは、精製塩が自然塩に比べて製造コストが低く、国内でも大量生産が可能なためだと考えられます。

私たちの健康を考えると、本来は加工食品や外食産業で使われる塩を含めて、食用塩の

大半を自然塩が占めるようになることがベストです。それが難しいならば、まず自分自身の健康を守るために、家庭で使う塩をミネラル豊富な海水から作られた塩に切り替えることが大切です。

私は、自分で作った塩をケースに入れて持ち歩き、外食時に振り掛けて食べています。コーヒーにも入れています。このように、積極的にミネラルを十分に摂って、体を元気な状態に保とうと努めています。

次にできることは、多くの人が健康に過ごしていくために精製塩と自然塩の違いを周囲に知ってもらうことです。塩にはさまざまな種類があり、過去の経緯もあって私たちは知らず知らずのうちに精製塩を使っていることを知ってもらうのです。そして、ミネラルをたっぷり含む海水から作られた塩の力を理解してもらうのです。そうやって、ミネラルと塩の関係や、ミネラルの大切さを知る人が増えれば、自然塩の流通が増え、加工食品業界や外食産業も少しずつ変えられるはずです。塩は安くてサラサラしているものだという世間の「常識」を覆すのは難しいかもしれませんが、私たち日本人の健康と命がかかっています。

塩が、塩田方式からイオン交換膜製塩法に変わったのも、コスト面などさまざまな事情が大きく作用しています。海水から水分を蒸発させて塩を作る技術はまだコストダウンや改良の余地があると私は考えています。意識せずとも私たち国民がミネラルを十分に摂取している状況、つまりミネラルをたっぷり含んだ海水から作られた塩が大半を占めるようになれば、健康寿命も労働寿命も延びて、日本の経済を活性化するようになるはずです。

［第4章］

毎日の食生活で効果的に塩を取り入れれば、健康長寿は叶えられる

塩を摂り過ぎたらいけないの？

最近よく「減塩」や「塩分控え目」という言葉を耳にするようになりました。スーパーに行けば減塩のみそやしょうゆ、梅干しなどが棚に並び、外食に行けばテーブルに減塩のしょうゆが置かれています。健康について記された記事を読めば、麺類を食べるときには汁やスープを残すよう勧められます。塩を摂り過ぎると高血圧になるというのが世間的に減塩を推進している理由です。今や日本人3人のうち1人は高血圧といわれていますので、注目度が非常に高い病気です。しかし、これに異を唱える声も上がっています。

私は医者でも専門家でもないので、どちらの主張が正しいとは断言できません。ただ、間違いなくいえるのは、私は毎日、ミネラルをたっぷり含んだ海水から作られた塩を摂っていますが、血圧は正常の範囲に収まっているということです。むしろ、この塩を本格的に摂り始める前よりも血圧は下がり、中性脂肪も大幅に減少しました。自分のことですから、自信をもって事実だといえます。

以前から、減塩の常識に疑問を唱えている人たちがいます。戦後まもなく、米国のダール博士は、日本人に高血圧症が多いことに着目しました。その原因に塩が関わるという仮説を立て、地域ごとに塩分の摂取量と高血圧症の発生率を調べました。そして、漬物やみそ汁、濃い味付けなどで、食生活で塩分をたくさん摂る東北地方の人に高血圧症が多いことに気づき、塩分の摂り過ぎが原因で高血圧症になると関連付けました。これをきっかけに米国で減塩運動が始まり、日本でも減塩を推奨するようになったとされています。

このダール博士の研究に対し、疑問の声や反論がさまざまな専門家から上がっています。その例としては、「寒さが厳しいと血圧が高くなる」「東北地方に多い鉱物質の少ない軟水は、日本の中西部や南部に多い硬水に比べ、高血圧を起こしやすい」「塩には体温を上げる作用があるため、東北の人は塩を多めに摂っていた」などがあります。

また、米国のメーネリーという研究者が、ダイコクネズミを実験対象に1日20～30グラムの塩を与え、さらに飲み水にも1％の塩を加えて飲ませ、血圧の変化を見ました。すると、10匹のネズミのうち、４匹が高血圧症になったというのです。

この実験は無謀だという指摘がされていますが、まったくそのとおりだと思います。というのも、ネズミの体長は20～25センチメートル、体重は３００グラム前後です。体重の1割もの塩を与え続ければ、体に異変が生じるのは当たり前です。人間が体重の1割の重さの塩を毎日摂ることを考えると、その異常さが分かります。太平洋戦争下では、徴兵から逃れるためしょうゆを大量に飲み、わざと臓器の不調を起こす人もいたそうです。食塩急性毒性の指標となる半数致死量は体重1キログラムあたり3グラム程度とされています。それを考えると、体重60キログラムの人ならば、180グラムに相当します。この実験が批判されるのももっともです。

この実験では、実験をした研究者の狙いとは異なる部分が注目されます。ネズミ10匹中6匹が高血圧症にならなかったことの意味の大きさです。こんなにも大量の塩を摂取しても高血圧症にならなかったネズミがいたということは、塩の摂り過ぎで高血圧になるネズミと、塩をいくら摂っても高血圧にはならないネズミがいることを示しています。

実際に、人間でも塩の摂り過ぎで高血圧症になる人と、塩を摂り過ぎても高血圧症にならない人がいることが知られています。遺伝や体質的な要因で高血圧症になる人のほうが多いようです。

真島先生の著書でも、そのことに触れられています。一般的に塩を摂ると血圧は上昇しますが、あくまで「一般的に」であって「誰もが」ではないと強調しています。出版当時（２０００年）の研究によると、その割合は高血圧患者の2～3割といわれていました。つまり、残りの70～80％の患者は塩分の摂取、不摂取に血圧は反応しないのです。

１９８４（昭和59）年に出版された『減塩なしで血圧は下がる』の著者で、高血圧研究の世界的権威だった青木久三博士（故人）はこう述べています。

「高血圧患者の90％は、遺伝によるもの。残り10％は寒冷地や肥満、アルコール、食塩、過労などといった環境の下に発病するものか、ある病気の合併症として出るもの。このうち、減塩で高血圧が下がるタイプは、高血圧患者１００人中、1～2人に過ぎない」

これが正しいならば、大多数の高血圧患者と健康な国民にとって、減塩は意味がないことになります。そして、過度の減塩は体がだるい、気力がない、食欲がない、などの体調不良につながってしまいます。

「日本人の食事摂取基準（２０２０年版）」に、気になることが書いてあります。

「欧米の大規模臨床試験の結果から見ると、事実として、少なくとも6g／日前半まで食塩摂取量を落とさなければ有意の降圧は達成できていない。これが、世界の主要な高血圧治療ガイドラインの減塩目標レベルがすべて1日あたり6グラム未満を下回っている根拠となっている」

2019（平成31）年の日本人の食塩摂取量は成人男女で1日あたり10・1グラムだったので、食塩の量を5分の3にしなければ血圧降下の成果が見込めないということになり、相当な努力が必要です。

このほかにも、人間の体にはホメオスタシス（恒常性）という機能があり、ナトリウムをたくさん摂っても血中濃度を一定に保つ仕組みになっている、余分なナトリウムは便や尿、汗として排せつされる、日本人は塩をたくさん摂取しているのに、世界的に見て長生きなのはなぜか、などと、減塩に疑問を呈する意見をよく見かけます。

減塩運動で高血圧は減っている？

日本で減塩運動が盛んに行われるのは、塩を摂り過ぎると高血圧になりやすいとされているためです。高血圧は血管の内側にかかる圧力が高い状態ですから、長く続くと血管は常に張り詰めた状態におかれ、だんだんと厚く硬くなっていく動脈硬化を引き起こします。動脈硬化は脳出血や脳梗塞、心筋梗塞などの原因となってしまうため、高血圧を予防して心筋梗塞や脳出血を減らすため、塩を摂り過ぎないよう叫ばれているわけです。

世界に目を向けると、高血圧の患者は増えています。２０２１（令和３）年11月の新聞などの記事によると、世界の30～79歳における高血圧の患者は１９９０（平成２）年に６億５０００万人でしたが、２０１９（平成31）年には12億８０００万人に倍増しました。高血圧は高所得国から中・低所得国にシフトし、その背景には経済成長に伴う人口増や食生活の変化などがあると見られます。

日本の人口に占める高血圧患者の割合は、同じ記事によると女性が１９９０（平成２）年の36％から２０１９（平成31）年に22％へと大幅に下がったのに対し、男性は44％から40％へというようにほとんど下がっていません。世界の平均（34％）よりも上回っています。

男性の高血圧患者の割合がほとんど下がらなかったということは、この間の塩の摂取量は減っていないのかといえば、そうではありません。１９９５（平成７）年と２０１９（平成31）年の厚生労働省による「国民健康・栄養調査」を比較すると、日本人の１日あたりの食塩摂取量は男性が14・１グラムから10・９グラムに、女性が12・３グラムから

9・3グラムにいずれも減少しています。

減塩運動の成果は確実に現れています。それなのに、男性の高血圧患者はそれほど減っていないのです。以上のことから減塩の必要性には疑問をもたざるを得ません。

減塩に健康効果はない

2022（令和4）年、医師の大脇幸志郎氏は論文を基に書籍で減塩運動の矛盾を突いています。

大脇医師はまず、減塩と血圧の関係について論じます。同書によると、大脇医師は2020（令和2）年に発表された論文で、減塩と血圧についての過去の研究データすべてを集めて、一つひとつ信頼できるか吟味し、全部足し合わせるという非常に大がかりな研究結果を示しました。

それによると、白人は1日11・8グラムの塩を4グラムに減らすことで、上の血圧が1ほど下がっていました。黒人では4ほど下がっていました。アジア人では1・5ほどで、誤差を考えると実は上がるかもしれないという結果でした。要するに「アジア人が減塩をしても血圧が下がるとはいえない」ということでした。

また、塩が体内でどんな作用をしているか「最新の生理学でもよく分かっていない」と明かし、「塩の生理作用が無数にあるなかで、それらすべての結果として血圧の変化が現れるともいえます」と教えてくれます。

前に挙げた減塩の効果は、血圧が高くない人についてのデータでした。では、高血圧の人はどうかというと、減塩で血圧が7ほど下がるという結果が出ています。つまり、もともと血圧が高くない人では減塩をしても血圧は下がりませんが、高血圧の人は減塩で血圧が少し下がります。ただ、血圧の変化が「7」ほど下がるというのは非常に少なく、誤差のようなものだというのです。

同書では次に、減塩で心筋梗塞や脳卒中といった病気が防げるかについて検討しています。血圧を下げる薬の試験で、血圧を下げればこれらの病気の発症を先送りできることが証明されています。ただ、血圧を下げなかった場合、心筋梗塞や脳卒中になる人が1年あたり3・2%いたのに対し、血圧を下げると2・6%に減った、という結果になりました。差は0・6%であることから、「99・4%の人は血圧を下げても下げなくても同じだったのです。薬で下げてもたいした予防効果はないことが分かります」と記されています。
結論として「減塩に健康効果はない」「塩は好きなだけ食べてください」と書かれていました。減塩ではなく塩の種類ひいては成分に着目し、塩自体を変えることが重要なのです。

「常識」は変わり得る

塩を好きなだけ食べるのがいいかどうかはさておき、ここまで述べてきた内容から考えると、自分自身の血圧の変化に注意しながら星塩のようにミネラルを豊富に含んだ海水から作られた塩を摂るのがよいでしょう。

塩の話から外れますが、かつてコレステロールの摂り過ぎになるため卵は食べ過ぎてはいけないといわれていました。しかし、この説に異を唱える学者らが現れ、風向きが変わりました。現在、厚生労働省の「日本人の食事摂取基準（2020年版）」では、卵を食べた量と心筋梗塞や脳卒中との間に明確な関係は見いだせないとして、コレステロールの目標量を設定していません。

これは、科学的に決着が付けられていない限り、現在の「常識」は180度変わることがあるということを示しています。私は、「減塩」についても同じことになるのではないかと考えています。現在は、常識となっている減塩にさまざまな専門家が異を唱えている段階です。今後、減塩に対する意識が大きく変わる可能性は大いにあります。

減塩が必要な体質の人と、減塩しなくてもいい体質の人に区別して基準が決まる可能性もあります。あるいは、塩の過剰摂取が高血圧を引き起こすという見方自体が変更されるかもしれません。とにかく、私たちの健康に関わることなので、塩の量ではなく、どのような塩なのか、塩の成分と健康の関係について科学的な解明を急いでもらいたいと思います。

個別化医療に期待

個別化医療という言葉があります。ある製薬会社のウェブサイトでは個別化医療のことを「同じ病気の患者さんに対し、一律に同じ治療を行うのではなく、患者さんの体質や病気に関連する遺伝子を調べた結果から、一人ひとりに合った治療を選ぶことが特徴です」と説明されています。こうした個別化医療は主にがん領域で期待されています。個別化医療が求められるようになった背景には、同じ治療方法でも患者の体質によって治療の効果や副作用の現れ方に個人差があるという事実が関係しています。

私は高血圧症も、個別化医療が適した病気なのではないかと考えています。統計データを根拠に、一律に減塩させる治療方針はもう限界に来ているように感じているためです。高血圧と関係する要素は塩だけではなく、アルコールや肥満、そして遺伝も考えられ、高血圧になる原因は、人によって大きく異なる可能性があるのです。

塩のミネラルは吸収されやすい？

厚生労働省による「日本人の食事摂取基準（2020年版）」には、摂取すべき栄養素の基準値を決めた根拠が記載されています。私はこの摂取基準を見て、ミネラルによって日本人の吸収率に差があることを知りました。栄養素の摂取源としては「通常の食品」を対象とし、腸でどれだけ吸収されるかを考慮して推奨量などの基準を計算しているということです。そこで、各種ミネラルについて、吸収率がどのように記されているか拾ってみました。

カルシウム　小腸で吸収。吸収率は比較的低く、成人では25〜30％。カルシウムの吸収は年齢や妊娠・授乳、そのほかの食品成分などさまざまな要因により影響を受ける。ビタミンDはカルシウムの吸収を促進する。

マグネシウム　腸管からの吸収率は40〜60％程度と推定される。摂取量が少ないと吸収率は上昇する。

リン　見かけの吸収率は成人で60〜70％。

鉄　米国の通常の食事で16・6％の吸収率。また、ヘム鉄の吸収率を50％、非ヘム鉄の吸収率を15％とする研究がある。

亜鉛　腸管での吸収率は約30％とされるが、亜鉛摂取量に伴って変動する。

マンガン　消化管からの見かけの吸収率は1〜5％とされる。

ヨウ素　食卓塩に添加されたヨウ素（日本ではヨウ素は添加できません）は消化管でほぼ完全に吸収されるが、昆布製品などの食品に含まれるヨウ素の吸収率はそれよりも低いと推定される。

セレン　食事中のセレンの吸収率は90％程度と考えられている。

クロム　1％程度と考えられている。

モリブデン　吸収率を93％と推定。

ミネラルを野菜などの食品から摂取する場合と、塩の成分として摂取する場合とでは、同じ量を含んでいても体内に吸収される量に差があるのではないかと私は考えています。少なくとも、消化が必要な野菜よりも、水に溶ける塩のほうが吸収は良さそうに感じます。やはりミネラルは塩で摂る方法が最も効果的だと考えられます。

毎日の食生活に塩を取り入れよう

私は毎日の食生活で上手に塩を取り入れれば、健康長寿は叶えられると考えています。使い方としては、まずは食事の際に振り掛ける塩として使うのがいちばんです。ステーキや焼き鳥、焼き魚、寿司、天ぷら、串焼き、揚げ物、野菜スティック、温野菜、豆腐、ゆで卵など、どんな食事であっても素材の味を引き立たせるはずです。

これまで塩化ナトリウム99・5％以上の精製塩を使っていた人ほど、こうした塩を試してその違いを実感するはずです。これまで口にしていた塩との味の違いが分かるだけでなく、塩化ナトリウムに大きく偏っていたミネラルのバランスも改善されます。

夏場、塩水を作って小まめに水分補給するようにしておけば、大量に汗をかいたときの熱中症予防になります。汗をかくと塩化ナトリウムだけでなくカリウムやカルシウム、マグネシウム、銅、亜鉛などのミネラルも失われてしまうので、ミネラルをたっぷり含んだ海水から作られた塩を使うことが重要です。

塩コーヒー

塩コーヒーは、エチオピア発祥の伝統的なコーヒーの飲み方です。コーヒーに塩を入れると苦味と酸味が和らぎ、まろやかな風味になります。また、コーヒーにはカリウムが比較的多く含まれているので、カリウムなどのミネラルが豊富な海水から作られた塩を入れれば不足しがちなカリウムをさらに効果的に補えます。

エチオピアはアフリカ大陸の東部に位置し、3000年の歴史をもちます。コーヒーの原産地で、食後は日本の茶道に似た「コーヒーセレモニー」を楽しみます。このとき2杯目のコーヒーに塩を入れて飲むそうです。

エチオピアで飲まれているコーヒーの一つに「モカ・シダモ」があり、酸味が強いことで知られており、この強過ぎる酸味を打ち消すために、塩コーヒーという飲み方が始まったとされています。

作り方は非常に簡単で、コーヒーに塩を一つまみ入れるだけなので誰でも簡単に試すことができます。栄養をしっかりと補えるうえ、いつものコーヒーを一味違った風味を楽しむことができます。

塩プリン

人気のあるスイーツに、塩プリンがあります。作るときにほかの材料と併せて塩を一つまみ加えるだけで、甘味を引き立てる効果があります。プリンだけでなく、ケーキやパン、アイスクリームなどいろいろなスイーツでも代用できるため、塩を用いたスイーツがより一般的になってほしいと私は考えています。

推薦の言葉

大阪大学　柳田祥三・名誉教授

小生「うま味」とは、基本味（塩味、甘味、酸味、苦味、辛味）の反映と考えていました。「星塩」を日常的に用いるようになって、そのものの塩味に「甘味を伴ううま味」があることを感じて数年になります。

一方、天日塩や昆布に含まれる微量ミネラルのヨウ素に感染症予防と万病に対する治癒効果のあることが、民間療法として古くから知られていました。小生は、「分子モデリング」という理論解析でその事実を検証してきました。

この塩に含まれるヨウ素由来の「ヨウ化物イオン」と「ヨウ素酸イオン」が、細胞のエンジンであるミトコンドリアの代謝活性を育むこと、すなわち、ミトコンドリアに加齢とともに蓄積されている過酸化水素を除去することでミトコンドリアのエネルギー代謝を正常化し、細胞の代謝活性（細胞の健康）を回復・維持することを検証しました。なお、人間の40～60兆個ある細胞の中に、細胞1個あたり平均1０００個のミトコンドリアがあるといわれています。

発病状態では、全細胞内約10の17乗個のミトコンドリアが、過酸化水素からのヒドロキシルラジカル（悪玉活性酸素）によって破壊が進んでいます。「ヨウ化物イオン」と「ヨウ素酸イオン」は悪玉活性酸素の反応性を低下させて、ミトコンドリアの破壊を停止させ、細胞の代謝機能の復活を促します。

このような「ヨウ化物イオン」と「ヨウ素酸イオン」のミトコンドリアのエネルギー発生を円滑にする作用（健康促進する作用）は、ビタミン類に勝るとも劣らないことも検証できました。

この塩の塩味の中の「うま味」も、微量にしか含まれないヨウ素、すなわち「ヨウ化物イオン」と「ヨウ素酸イオン」にあると推断します。サンゴ礁石灰にはヨウ素を含みます。それを用いた黒糖の甘味の中の「うま味」も、含まれるヨウ素にあるかと思います。したがって、健康力を育む効果も、ヨウ素を含む昆布水やフコイダンの健康力効果に通じるものと思います。

「星塩」を健康力増進調味料として、皆さまに推奨いたします。

おわりに

この原稿を書いている2023（令和5）年になっても、ロシアのウクライナ侵攻による砲火は止んでいません。戦争は激化しており、尊い命が毎日失われています。

私が塩の製造・販売に携わるようになったのも、たくさんの人にできるだけ長く健康に生きてもらいたいと願ってのことです。しかし、いくら健康であっても、戦争で命を落としてしまうのは非常に残念なことです。若い人たちを戦場に送ってはなりません。なぜ、戦争を起こすのでしょうか。戦争のない世界は望めないのでしょうか。

ここから先は、平和であることが前提の話です。知り合いになったある大学の先生と健康長寿の話をしていたとき、その先生が「命より健康が大事」という言葉を教えてくれました。事務所に貼ってあったポスターに書かれていたと思います。見た瞬間、まさに「わが意を得たり」と膝を打ちました。「命あっての物種じゃないか」と反論したくなると思いますが、まさに「命より健康」なのです。介護が必要になり、寝たきりになって生きるよりも、健康に活動することがいかに大切であるか。平均寿命が延びても、健康寿命もあわせて延びなければ本人や家族がつらいだけです。人生は100年時代に突入しました。この100年をいかに価値のあるものにできるかが大事であり、それは健康であってこそ叶うのです。

お年寄りにしかできない仕事はまだまだあります。多くのことを後世に伝えていかなくてはならないため、一日でも長く元気であることが大切です。私の願いは、みんなが健康であること。そのためにサプリメントや冬虫夏草、薬草などを追求し、ついに塩にたどり着きました。

この本を書くに当たり、塩について、そしてミネラルについて、さまざまな書籍やネット上の資料などを調べました。知れば知るほど、なぜ精製塩に完全に切り替えてしまったのか、なぜ減塩運動を続けているのかと、疑問が沸き上がってきました。この本でその思いが伝わればいいなと思います。そして、私たちが作っている塩を試してみ

てほしいと思います。私も食べているのでよく分かりますが、この塩は自然界からの贈り物であり、塩、そして健康に対する価値観が変わる、まさに「人生を変える塩」です。私がいつも元気に活動しているので、妻は何歳まで仕事するつもりかよく聞いてきます。私が100歳までと答えると、夢物語だと言われましたがそのとおり。私は本気で夢を追っています。

星塩を広めることのほかにもう一つ、私には目標があります。

今、子どもの自殺が目立っています。厚生労働省の「令和3年における自殺の状況」によると、学生・生徒等の自殺者数は増加傾向が続き、2020（令和2）年に過去最高の1039人、2021（令和3）年は過去2番目に多い1031人でした。深刻な状況です。こんな国でいいのでしょうか。私たち戦中・戦後生まれが子どもの頃は、戦火から逃れることや、食糧難の時代を生きていくことに必死でした。子どもを守る親の姿を見て、一生懸命生きてき

ました。しかし、今の子どもたちは、いじめやいろいろなことが原因で自ら命を絶ってしまいます。こうした子どもたちのために、健康である限り何か貢献するというのが塩を広める以外のもう一つの私の目標です。

- 公益財団法人長寿科学振興財団「健康長寿ネット」
- MSDマニュアル家庭版
- 国立健康・栄養研究所「諸外国の栄養素等摂取量の比較」
- 『長生きできて、料理もおいしい！ すごい塩』（2016年、白澤卓二著、あさ出版）
- 厚生労働省「日本人の食事摂取基準（2020年版）」策定検討会報告書
- 厚生労働省国民健康・栄養調査
- 『市販食用塩データブック2019年版』（2019年、公益財団法人塩事業センター編、成山堂書店）
- 『「白い塩」が病気をつくり、「ニガリ」が病気を治す』（1999年、真島真平著、ロングセラーズ）
- 『現代病は塩が原因だった！』（2000年、真島真平著、泉書房）
- 『原因がはっきりしない30の症状はミネラルで治る！』（2018年、登坂正子著、主婦の友社）
- 『運動・減塩はいますぐやめるに限る！ 「正しい健康情報」の罠』（2022年、大脇幸志郎著、さくら舎）
- 公益財団法人塩事業センターホームページ

（順不同）

冨山 悦昌（とみやま よしまさ）

1941年大阪にて生まれる。1959年、高等学校卒業と同時に商事会社で働き始め、1963年に防災事業の会社を設立。市議会議長などを務め、1998年には社会福祉法人を設立し、老人ホームを開設。その後2001年に日本薬泉株式会社を設立し、冬虫夏草やアイモダインを中心としたサプリメント等の健康食品の共同開発を大阪大学名誉教授である柳田祥三氏と開始する。2011年に「南の島の星塩」の原点である石垣島の塩に出会い、塩が人の健康にとって重要な役割をもつことを知り、塩の製造に取り組み始める。

本書についての
ご意見・ご感想はコチラ

人生が変わる塩

二〇二三年二月二二日　第一刷発行

著　者　冨山悦昌
発行人　久保田貴幸
発行元　株式会社 幻冬舎メディアコンサルティング
〒一五一-〇〇五一　東京都渋谷区千駄ヶ谷四-九-七
電話　〇三-五四一一-六四四〇（編集）
発売元　株式会社 幻冬舎
〒一五一-〇〇五一　東京都渋谷区千駄ヶ谷四-九-七
電話　〇三-五四一一-六二二二（営業）
印刷・製本　中央精版印刷株式会社
装　丁　秋庭祐貴

Printed in Japan　ISBN 978-4-344-94158-8 C0047
幻冬舎メディアコンサルティングＨＰ　https://www.gentosha-mc.com/